Das Zahlenbuch 4

Arbeitsheft

für

....

von

Erich Ch. Wittmann und Gerhard N. Müller

Ausgabe Bayern

Unter Beratung von

Erika Pfeffer, Burggriesbach
Tanja Rossmeisl, Stein
Angelika Schmidt, Thalmässing
Ingrid Weigand, Augsburg
Michaela Wimmer, Dachau

programm mathe 2000 von Prof. Dr. E. Ch. Wittmann und Prof. Dr. G. Müller

Ernst Klett Verlag
Leipzig · Stuttgart

Inhaltsverzeichnis

Die Seitenzahlen sind auch in römischen Zahlzeichen dargestellt.
Die Aufgaben am Ende des Arbeitsheftes (ab S. 60) prüfen die Grundfertigkeiten ab, über die am Ende des 4. Schuljahres alle Kinder verfügen sollten.

1 a)

Zahl	100	225	320	410	560	675	850
Zahl + 150							

b)

Zahl	550	600	750	775	810	960	1 000
Zahl − 550							

2

a) 478 + 314 = 792 → 792 − 314 = ……

b) 523 + 297 = …… → …… − 297 = ……

c) 694 + 187 = ……   …… − 187 = ……

d) 359 + 486 = ……   …… − 486 = ……

e) 746 − 259 = 487 → 487 + 259 = ……

f) 627 − 295 = …… → …… + 295 = ……

g) 887 − 654 = ……   …… + 654 = ……

h) 578 − 325 = ……   …… + 325 = ……

3

a) 578 + 314 + 107 = ……   314 + 107 = ……   578 + 314 = ……   999 − 421 = ……   999 − 892 = ……

b) 397 + 481 + 121 = ……   481 + 121 = ……   397 + 481 = ……   999 − 602 = ……   999 − 878 = ……

4

120 : 2 = ……   120 : 3 = ……   120 : 4 = ……
24 : 2 = ……   24 : 3 = ……   24 : 4 = ……
144 : 2 = ……   144 : 3 = ……   144 : 4 = ……

120 : 6 = ……   80 : 8 = ……   90 : 9 = ……
24 : 6 = ……   64 : 8 = ……   54 : 9 = ……
144 : 6 = ……   …… : 8 = ……   …… : 9 = ……

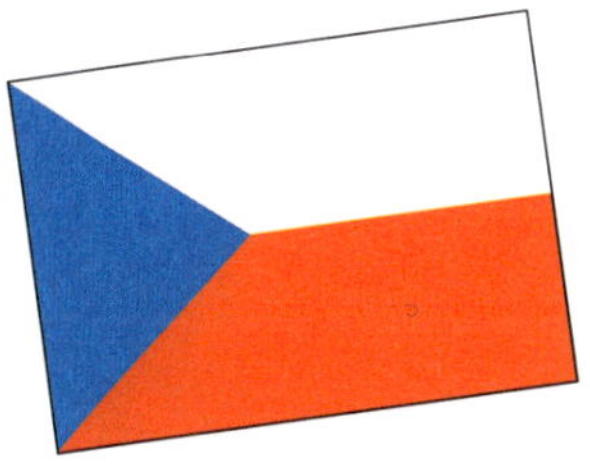

5

200 : 2 = ……   180 : 3 = ……   ……
16 : 2 = ……   36 : 3 = ……   ……
216 : 2 = ……   216 : 3 = ……   216 : 4 = ……

180 : 6 = ……   160 : 8 = ……   ……
36 : 6 = ……   56 : 8 = ……   ……
…… : 6 = ……   …… : 8 = ……   216 : 9 = ……

6

a) 180 : 9 = ……   180 : 6 = ……
54 : 9 = ……   54 : 6 = ……
234 : 9 = ……   234 : 6 = ……

b) 140 : 7 = ……   160 : 4 = ……
56 : 7 = ……   36 : 4 = ……
196 : 7 = ……   196 : 4 = ……

7

a) Die Autofähre fährt in Travemünde um 11.30 Uhr los und kommt um 21.00 Uhr in Trelleborg an. Wie lange ist sie auf Fahrt? ……

b) Schätze. Wann wird eine Fähre ankommen, die schon morgens um 5.00 Uhr abfährt? ……

Wiederholung der Grundrechenarten im Tausenderraum
2 Aufgabe und Umkehraufgabe rechnen.

III

Rechenvorteile

1 Überlege, wie sich das Ergebnis verändert.

a)	b)	c)	d)
724 + 100 = ………	800 + 68 = ………	528 + 80 = ………	670 + 126 = ………
724 + 97 = ………	794 + 68 = ………	528 + 78 = ………	666 + 126 = ………

e)	f)	g)	h)
761 − 130 = ………	353 − 200 = ………	432 − 110 = ………	432 − 132 = ………
761 − 134 = ………	353 − 198 = ………	432 − 108 = ………	432 − 137 = ………

i)	j)	k)	l)
653 − 253 = ………	945 − 545 = ………	270 + 230 = ………	450 + 438 = ………
659 − 253 = ………	943 − 545 = ………	273 + 227 = ………	449 + 439 = ………

2

a)	b)	c)	d)
161 + 137 = ………	229 + 270 = ………	804 − 203 = ………	173 − 43 = ………
160 + 137 = ………	249 + 270 = ………	800 − 203 = ………	173 − 44 = ………
158 + 137 = ………	229 + 269 = ………	804 − 205 = ………	173 − 45 = ………
158 + 139 = ………	229 + 274 = ………	798 − 203 = ………	172 − 43 = ………
161 + 140 = ………	231 + 274 = ………	804 − 213 = ………	170 − 43 = ………

3

a)	b)	c)	d)
279 + 118 = ………	183 + 177 = ………	367 − 129 = ………	739 − 557 = ………
280 + 117 = ………	557 + 373 = ………	894 − 800 = ………	811 − 700 = ………
187 + 325 = ………	180 + 180 = ………	156 − 57 = ………	431 − 258 = ………
607 + 294 = ………	550 + 380 = ………	901 − 807 = ………	782 − 600 = ………
200 + 312 = ………	119 + 127 = ………	483 − 384 = ………	433 − 260 = ………
600 + 301 = ………	123 + 123 = ………	368 − 130 = ………	804 − 693 = ………

Kontrolliere: Je 2 Aufgaben in einem Päckchen haben das gleiche Ergebnis.

4 Fasse geschickt zusammen.

a)
- 129 + 217 + 11 = 140 + 217 = ………
- 314 + 89 + 106 = ……………… = ………
- 308 + 116 + 92 = ……………… = ………
- 164 + 37 + 273 = ……………… = ………
- 267 + 333 + 142 = ……………… = ………

b)
- 761 − 259 + 147 = 502 + 147 = ………
- 364 − 132 − 28 = ……………… = ………
- 177 − 37 + 68 = ……………… = ………
- 381 − 177 + 109 = ……………… = ………
- 872 + 19 − 69 = ……………… = ………

5 Am Anfang des Jahres hatte ein Dorf 923 Einwohner.
Im Laufe des Jahres wurden 6 Kinder geboren. 9 Einwohner starben.
Außerdem zogen 61 Personen neu zu. 45 Personen zogen weg.
Wie viele Einwohner lebten am Jahresende in dem Dorf?
Ordne die Zahlen und überlege.

……………………………………………………………………

……………………………………………………………………

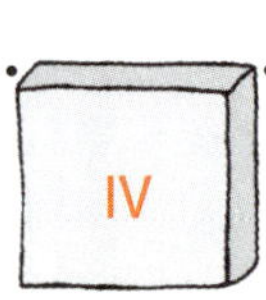

Aufgaben vorteilhaft schriftlich, halbschriftlich oder im Kopf rechnen.

zu Schülerbuchseite 8

1 a)

93	29	96	32

b)

500			
244			
112			
16			

c)

500			
	216		
	104		
	88		

d) Finde weitere Zahlenmauern mit dem Deckstein 500.

2

a) 1 000	b) 1 000	c) 1 000	d) 999	e) 999
500 +	950 +	999 +	300 +	155 +
490 +	750 +	777 +	270 +	256 +
486 +	650 +	555 +	269 +	357 +
446 +	550 +	333 +	265 +	458 +
406 +	445 +	111 +	261 +	559 +

3

a)	b)	c)	d)
123 + 5 = ...	486 + 7 = ...	550 + 280 = ...	7 + 8 = ...
123 + 50 = ...	486 + 80 = ...	545 + 275 = ...	60 + 50 = ...
123 + 500 = ...	486 + 300 = ...	555 + 285 = ...	400 + 300 = ...
123 + 555 = ...	486 + 387 = ...	548 + 283 = ...	467 + 358 = ...

4

a)	b)	c)	d)
768 − 200 = ...	891 − 500 = ...	489 − 57 = ...	456 − 107 = ...
768 − 250 = ...	891 − 490 = ...	579 − 147 = ...	456 − 349 = ...
768 − 253 = ...	891 − 493 = ...	669 − 237 = ...	456 − 149 = ...
768 − 259 = ...	895 − 493 = ...	859 − 427 = ...	456 − 307 = ...

5 Schöne Päckchen. Setze fort.

a)	b)	c)	d)
187 + 47 = ...	801 − 699 = ...	472 + 389 = ...	975 − 321 = ...
237 + 108 = ...	702 − 598 = ...	489 + 372 = ...	866 − 323 = ...
287 + 169 = ...	603 − 497 = ...	572 + 289 = ...	757 − 325 = ...
337 + 230 = ...	504 − 396 = ...	589 + 272 = ...	648 − 327 = ...
.... + ... = ...	.... − .... = ...	.... + ... = ...	.... − .... = ...

6 Hüpf in der Reihe! Rechne immer mit dem Ergebnis weiter.

437	491	1001	393	956	627	769	
+ 519	+ 136	− 656	+ 608	− 187	− 234	− 278	
956	....	....	....	769	....	....	Ziel 345

Nach Möglichkeit Rechenvorteile nutzen.

V

Rechnen mit Entfernungen

1 Suche die Entfernungen auf der Autobahnkarte und vergleiche.

a) Von Frankfurt nach Ulm

88 km	88 km	34 km
38 km	55 km	76 km
56 km	52 km	23 km
+ 102 km	+ 102 km	70 km
		+ 94 km
....	....	....

b) Von Dortmund nach Würzburg

163 km	157 km
67 km	54 km
76 km	118 km
+ 23 km	+ 30 km
....	....

2 Radsport: Die Radrundfahrt hatte 10 Etappen.
Wie lang war die Gesamtstrecke?

1. Etappe: 166 km
2. Etappe: 171 km
3. Etappe: 200 km
4. Etappe: 175 km
5. Etappe: 138 km
6. Etappe: 161 km
7. Etappe: 239 km
8. Etappe: 166 km
9. Etappe: 149 km
10. Etappe: 163 km

....

3

Zählerstand neu	696	732	951	809	603	979	576	830
Zählerstand alt	448	304	109	525	121	155	328	402
Differenz								

4

956	856	529	743	603	914	801	1 246
− 819	− 485	− 356	− 372	− 466	− 183	− 88	− 515
......	......	......	......	......	......	......	......

5

a)		b)		c)		d)	
375	375	234	234	495	495	601	601
+ 409	− 91	+ 395	− 105	+ 276	− 224	+ 239	− 261
......	......	......	......	......	......	......	......

Kontrolliere: Der Unterschied zwischen den beiden Ergebnissen muss immer 500 sein. Begründe.

6 Verwandle in km und m.

a)
6 500 m = 6 km 500 m
1 800 m = ...
7 075 m = ...
10 500 m = ...

b)
3 · 500 m = ...
5 · 200 m = ...
10 · 400 m = ...
2 · 1 000 m = ...

Ayers Rock in Australien

7 In den englischsprachigen Ländern wird in Fuß gemessen.
3 Fuß entsprechen etwa 1 Meter.
Der Ayers Rock ist ungefähr 2 600 Fuß hoch.
Wie viel Meter sind das etwa? Überschlage.

....

VI

Für **1** Karte im Schülerbuch benutzen.
Schriftliche Addition und Subtraktion im Sachkontext wiederholen.

zu Schülerbuchseite 10/11

1 Vergleiche mit dem Malkreuz

a) 10 4

7

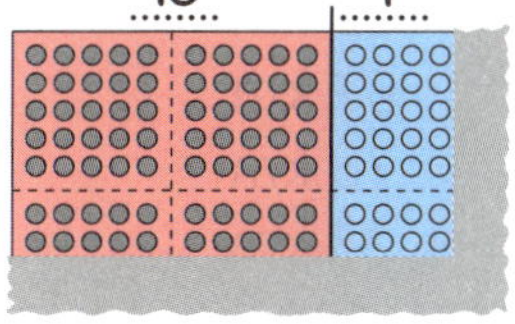

7 · 14 = ...

·	10	4	
7			

....

....

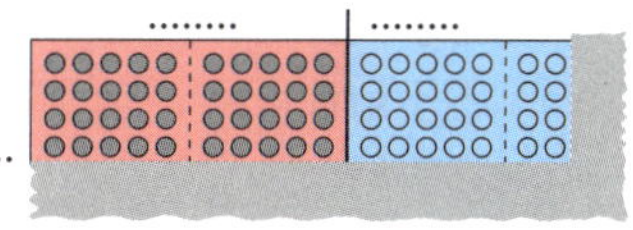

4 · 17 = ...

·			

b) ....

....

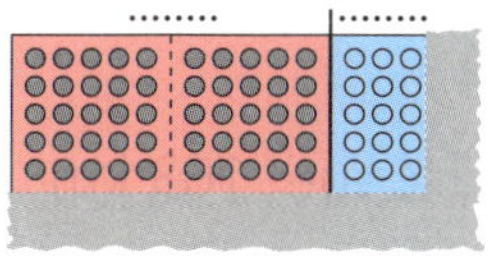

5 · 13 = ...

·			

....

....

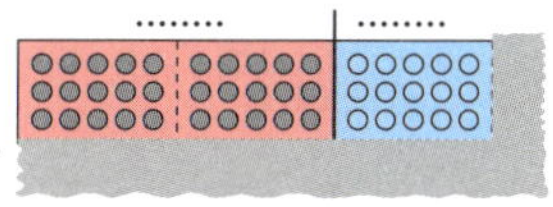

3 · 15 = ...

·			

2 Schöne Päckchen. Setze fort.

a) 3 · 10 = ...
3 · 20 = ...
3 · 30 = ...
3 · 40 = ...
....

b) 3 · 12 = ...
4 · 12 = ...
5 · 12 = ...
6 · 12 = ...
....

c) 10 · 13 = ...
8 · 13 = ...
6 · 13 = ...
4 · 13 = ...
....

d) 80 : 4 = ...
100 : 5 = ...
120 : 6 = ...
140 : 7 = ...
....

e) 46 : 9 = 5 R 1
41 : 8 = ...
36 : 7 = ...
31 : 5 = ...
....

f) 9 · 20 = ...
2 · 90 = ...
6 · 30 = ...
....

g) 4 · 60 = ...
6 · 40 = ...
8 · 30 = ...
....

h) 6 · 20 = ...
2 · 60 = ...
4 · 30 = ...
....

i) 100 : 20 = ...
150 : 30 = ...
200 : 40 = ...
....
....

j) 121 : 6 = 20 R 1
141 : 7 = ...
161 : 8 = ...
....
....

3 Schöne Päckchen.

a) 80 · 1 = ...
90 · 2 = ...

b) 70 · 2 = ...
80 · 3 = ...

c) 60 · 3 = ...
70 · 4 = ...

d) 50 · 4 = ...
60 · 5 = ...

e) 30 · 6 = ...
40 · 7 = ...

4 a) Die Themse bei London ist 750 Fuß breit. Wie viel Meter sind das etwa? Überschlage.
3 Fuß entsprechen etwa 1 Meter.

....

b) Der Rhein bei Köln ist 520 Meter breit.
Vergleiche.

....

....

Tower Bridge in London

Multiplizieren und dividieren

1

a)	b)	c)	d)
8 · 30 = ...	60 · 10 = ...	560 : 80 = ...	360 : 40 = ...
50 · 6 = ...	80 · 5 = ...	560 : 8 = ...	490 : 7 = ...
9 · 20 = ...	50 · 10 = ...	720 : 9 = ...	450 : 5 = ...
10 · 18 = ...	100 · 5 = ...	630 : 9 = ...	420 : 6 = ...
6 · 40 = ...	10 · 40 = ...	560 : 7 = ...	180 : 20 = ...
100 · 3 = ...	120 · 5 = ...	630 : 90 = ...	810 : 9 = ...

Kontrolliere: In jedem Päckchen kommt jedes Ergebnis doppelt vor.

2

a)	b)	c)	d)
180 : 2 = ...	140 : 2 = ...	160 : 2 = ...	120 : 2 = ...
360 : 4 = ...	280 : 4 = ...	...... : ...... = ...	...... : ...... = ...

e)	f)	g)	h)
270 : 3 = ...	180 : 3 = ...	210 : 3 = ...	150 : 3 = ...
540 : 6 = ...	360 : 6 = ...	...... : ...... = ...	...... : ...... = ...

3 Schöne Päckchen. Setze fort.

a)	b)	c)	d)
540 : 6 = 90	900 : 90 = ...	151 : 50 = 3 R1	271 : 30 = ...
400 : 5 = ...	630 : 70 = ...	201 : 50 = ...	242 : 30 = ...
280 : 4 = ...	400 : 50 = ...	251 : 50 = ...	213 : 30 = ...
180 : 3 = ...	210 : 30 = ...	301 : 50 = ...	184 : 30 = ...
...... : ...... = ...	...... : ...... = ...	...... : ...... = ...	...... : ...... = ...

4 Schöne Päckchen?

a)	b)	c)	d)
200 : 2 = ...	160 : 2 = ...	302 : 30 = ...	369 : 40 = ...
270 : 3 = ...	210 : 7 = ...	362 : 40 = ...	408 : 50 = ...
320 : 4 = ...	240 : 4 = ...	402 : 50 = ...	426 : 60 = ...
350 : 5 = ...	250 : 5 = ...	422 : 70 = ...	426 : 70 = ...
360 : 9 = ...	240 : 6 = ...	422 : 60 = ...	405 : 80 = ...

5 Für eine Quarkspeise für 4 Personen braucht man etwa 200 g Kirschen und 500 g Quark.
Christoph möchte eine Quarkspeise für sich und seine Mutter machen. ?

....

6 Hüpf im Päckchen! Rechne immer mit dem Ergebnis weiter.

a)	b)	c)	d)
5 · 9 = 45	30 · 9 = ...	80 · 4 = ...	6 · 40 = ...
90 · 8 = ...	3 · 80 = ...	8 · 60 = ...	8 · 50 = ...
45 · 10 = 450	4 · 90 = ...	6 · 90 = ...	80 · 6 = ...
720 : 9 = ...	270 : 90 = ...	480 : 80 = ...	240 : 30 = ...
450 : 5 = ...	240 : 60 = ...	320 : 40 = ...	400 : 5 = ...
Ziel 80	Ziel 360	Ziel 540	Ziel 480

VIII

Multiplikation und Division als Umkehrung der Multiplikation wiederholen.
1–4 Muster erkennen.

1 Setze fort.

a) 

b) 

c) 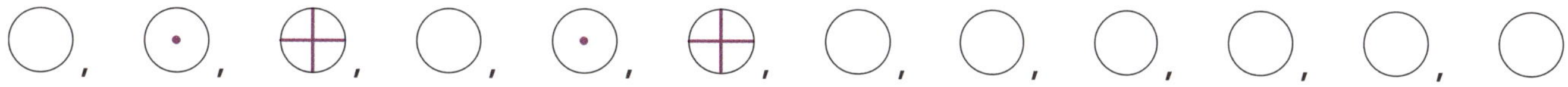

d) 

e) 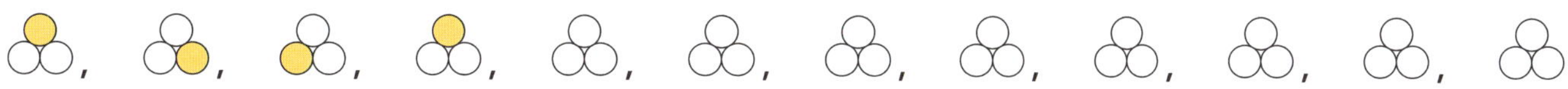

f) 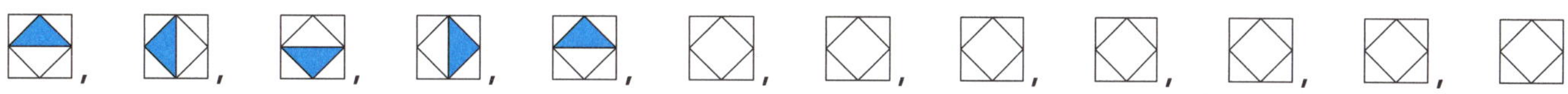

g) 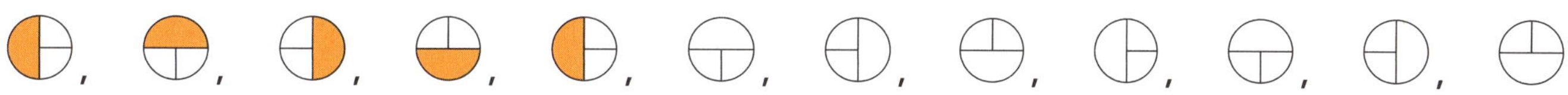

h) 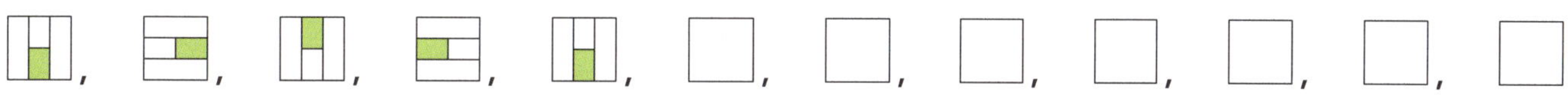

2 Setze die Zahlenfolgen nach der Regel fort.

a) Immer 99 mehr.
99, 198, 297, ..., ..., ..., ..., ..., ..., ..., 1089

b) Immer das Doppelte.
7, 14, 28, ..., ..., ..., ..., ..., 1792

c) 70er-Reihe, abwechselnd rückwärts und vorwärts.
700, 70, 630, 140, ..., ..., ..., ..., ..., ..., ..., 420

d) Abwechselnd halbieren und vervierfachen.
2, 1, 4, 2, 8, ..., ..., ..., ..., ..., ..., ..., ..., 64

e) Die nächste Zahl ist die Summe der beiden vorhergehenden.
0, 3, 3, 6, 9, ..., ..., ..., ..., ..., ..., ..., ..., 699

3 Schreibe die Regel auf, setze die Zahlenfolgen fort.

a) ....
14, 28, 42, 56, ..., ..., ..., ..., ..., ..., ..., ..., 182

b) ....
0, 10, 8, 18, 16, ..., ..., ..., ..., ..., ..., ..., 48

c) ....
30, 300, 60, 270, 90, ..., ..., ..., ..., ..., ..., 150

Skizzen zeichnen

1 Wie viele Tage Ferien?

Osterferien

Erster Tag | Letzter Tag

....

Herbstferien

Erster Tag | Letzter Tag

....

Weihnachtsferien

Erster Tag | Letzter Tag

....

2 Aus einer Leiste von 3 m Länge soll ein Bilderrahmen gebaut werden.

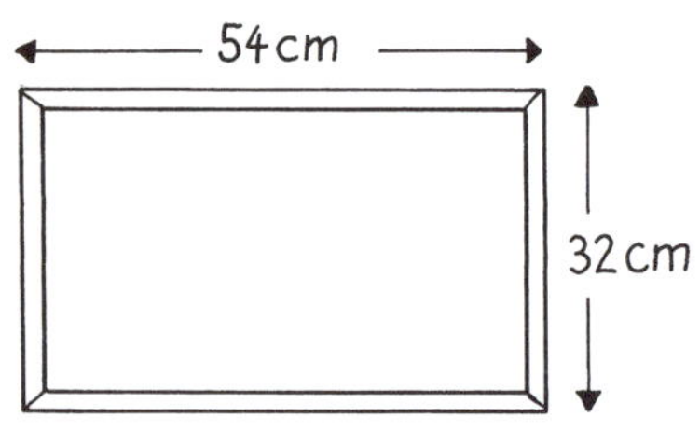

a) Wie viel cm Leiste bleibt übrig?

....

b) Kann aus dem Leistenrest noch ein Rahmen für dieses Bild gebaut werden?

....

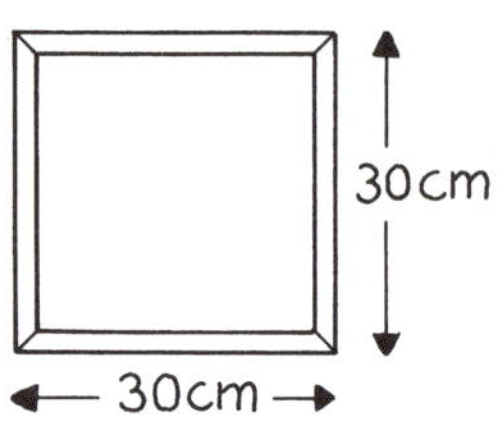

3 Jutta will ein großes Paket so verschnüren. Wie lang muss die Schnur sein? Schätze und rechne.

....

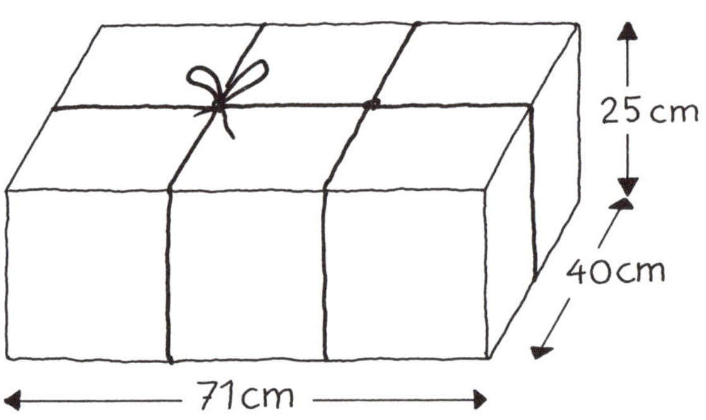

4 Ein Garten von 12 m Breite und 16 m Länge soll eingezäunt werden. Zeichne eine Skizze und überlege.

a) Wie viel m Zaun werden benötigt?

....

b) Die Pfosten sollen im Abstand von 2 m stehen. Wie viele Pfosten werden benötigt?

....

c) Wie viele Meterquadrate ist der Garten groß?

....

1

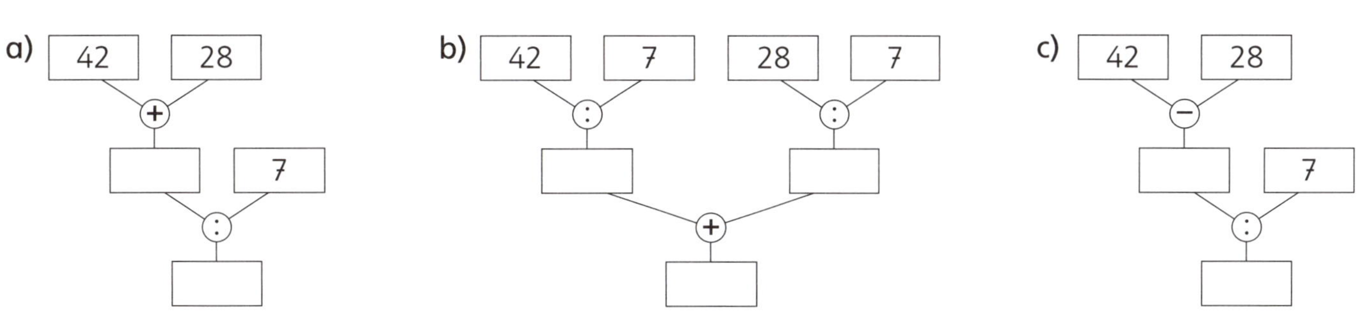

2

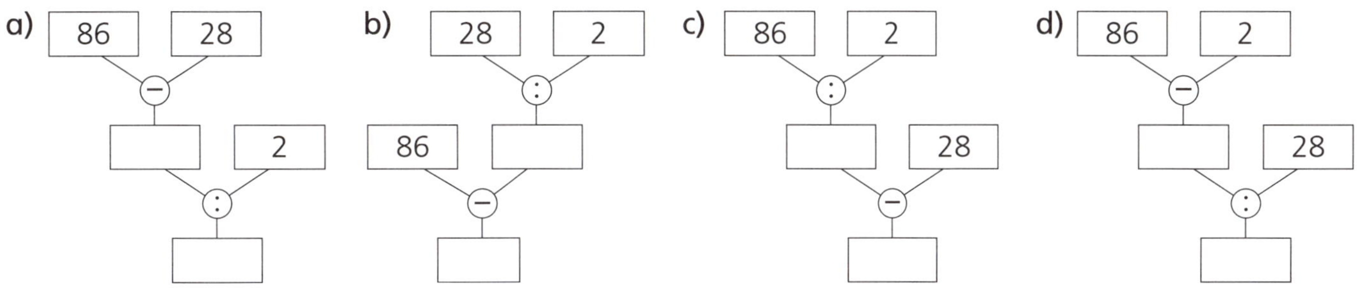

3 Verbinde die Sachaufgaben mit den passenden Rechenbäumen. Rechne aus.

a) Klara kauft Sportschuhe für 30 Euro und eine Sporttasche für 24 Euro. Wie viel Euro kostet das zusammen?

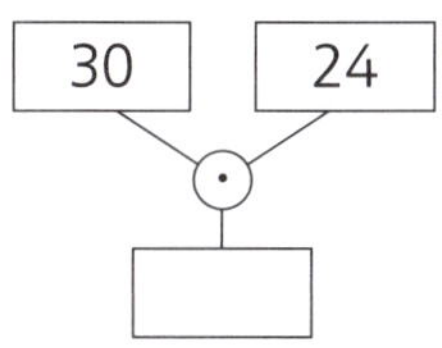

....

b) Beim Hausmeister kaufen die Kinder Saft und Kakao. Er verkauft 30 Getränke. 24 Kinder trinken Saft. Wie viele Kinder trinken Kakao?

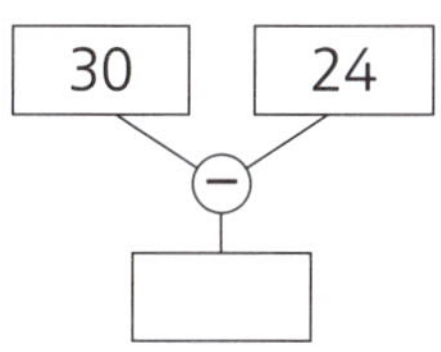

....

c) Wie viele Stunden hat der Monat September?

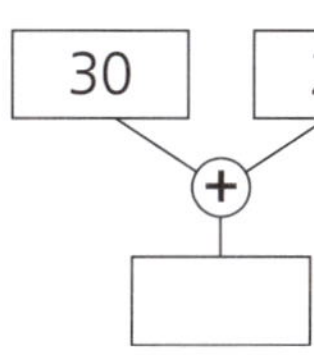

....

4 Erfinde zu jedem Rechenbaum eine passende Sachaufgabe.

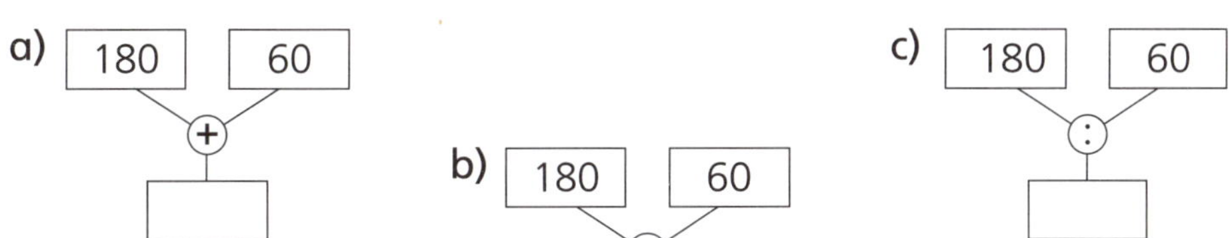

Rechenwege bei der Multiplikation

1 5 · 34 = ... 5 · 43 = ... 6 · 39 = ... 6 · 93 = ... 3 · 95 = ...

·	30	4
5		

·		

·		

·		

·		

2

a)
4 · 21 = ...
4 · 12 = ...
4 · 102 = ...
4 · 120 = ...
4 · 210 = ...
4 · 201 = ...

b)
3 · 25 = ...
3 · 19 = ...
3 · 169 = ...
3 · 114 = ...
3 · 140 = ...
3 · 141 = ...

c)
6 · 108 = ...
6 · 144 = ...
6 · 114 = ...
6 · 141 = ...
6 · 78 = ...
6 · 81 = ...

d)
9 · 15 = ...
9 · 35 = ...
9 · 39 = ...
9 · 59 = ...
9 · 57 = ...
9 · 17 = ...

3

a)
7 · 6 = ...
50 · 6 = ...
100 · 6 = ...

57 · 6 = ...
107 · 6 = ...
150 · 6 = ...
157 · 6 = ...

b)
3 · 4 = ...
40 · 4 = ...
200 · 4 = ...

43 · 4 = ...
240 · 4 = ...
203 · 4 = ...
243 · 4 = ...

4 Schöne Päckchen?

3 · 47 = ...
3 · 84 = ...
3 · 122 = ...
3 · 158 = ...
3 · 195 = ...

144 · 6 = ...
288 · 3 = ...
96 · 9 = ...
216 · 4 = ...
433 · 2 = ...

329 · 3 = ...
255 · 3 = ...
181 · 3 = ...
107 · 3 = ...
33 · 3 = ...

3 · 45 = ...
6 · 42 = ...
3 · 119 = ...
9 · 52 = ...
3 · 193 = ...

16 · 7 = ...
32 · 7 = ...
48 · 7 = ...
64 · 7 = ...
80 · 7 = ...

5 Welche Ergebnisse sind gleich? Welche Aufgabe findest du einfacher?

a)
57 · 9 = ...
57 · 2 = ...
57 · 5 = ...
57 · 8 = ...

570 − 57 = ...
57 + 57 = ...
570 : 2 = ...
570 − 114 = ...

b)
63 · 8 = ...
63 · 3 = ...
63 · 5 = ...
63 · 6 = ...

630 − 126 = ...
126 + 63 = ...
630 : 2 = ...
315 + 63 = ...

6

7 · 17 = ...
7 · 34 = ...
7 · 51 = ...
7 · 68 = ...
7 · 85 = ...
7 · 99 = ...

3 · 502 = ...
3 · 520 = ...
3 · 250 = ...
3 · 205 = ...
3 · 25 = ...
3 · 52 = ...

7 Diese große Pyramide hat auf allen vier Seiten 91 Stufen und oben 1 Hauptstufe. Dies sind insgesamt .... Stufen. Was hat das mit dem Kalender zu tun?

Die Tempelpyramide in Chichen Itza, Mexiko

XII

1 – 7 Malaufgaben mit dem Malkreuz und auf eigenen Wegen berechnen. Ggf. nochmals auf die Nutzung von Notizblättern hinweisen.

1 Multipliziere am Feld.

a)

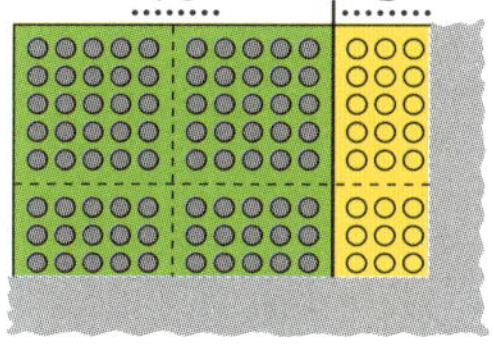

$8 \cdot 13 =$ ....

·	10	3
8		

b)

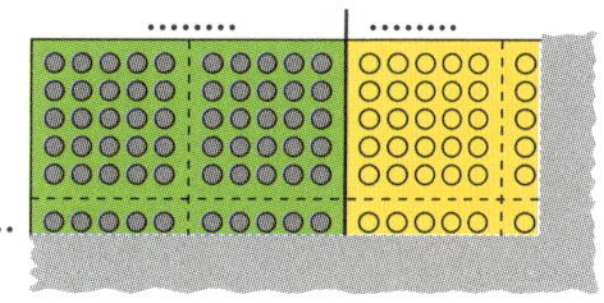

....

·		

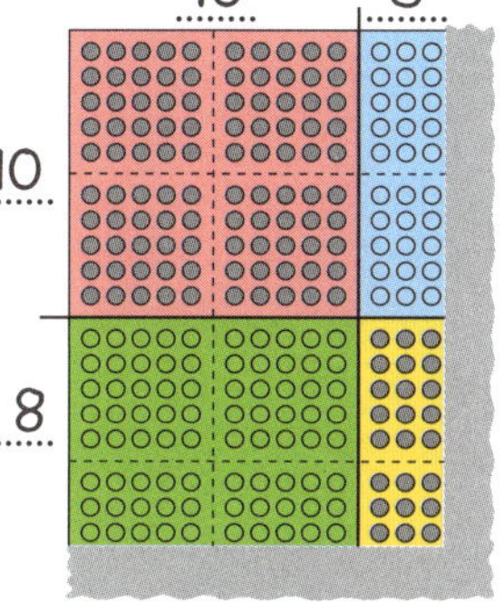

$18 \cdot 13 =$ ....

·	10	3
10		
8		

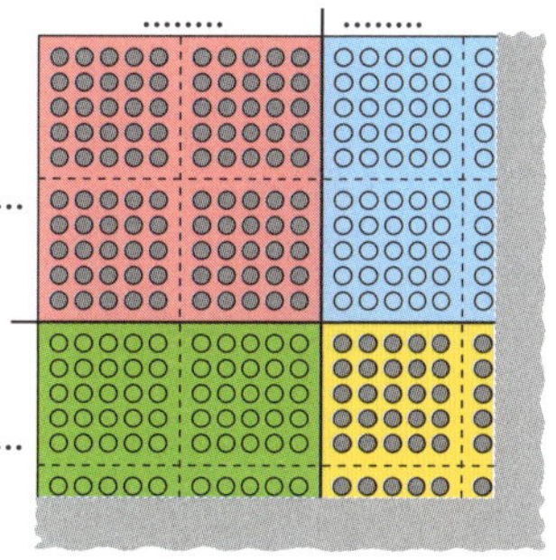

....

·		

2 Rechne mit dem Malkreuz. Vergleiche.

a) $14 \cdot 14 =$ ....

·		

$13 \cdot 15 =$ ....

·		

b) $17 \cdot 17 =$ ....

·		

$16 \cdot 18 =$ ....

·		

c) $18 \cdot 18 =$ ....

·		

$17 \cdot 19 =$ ....

·		

d) $15 \cdot 15 =$ ....

·		

$14 \cdot 16 =$ ....

·		

3 Foxi geht zur Hundeschule. Die Kosten im Monat betragen 14 Euro.
Berechne die Kosten im Jahr.

....

....

4 Sabrina geht einmal im Monat zur Reitstunde.
Eine Stunde kostet 13 Euro.
Berechne die Kosten für ein Jahr.

....

....

Rechenwege bei der Division

1 Rechne und vergleiche.

a) 8 2 4 : 4 =   2 2 4 : 4 =   4 2 4 : 4 =

b) 8 9 6 : 2 =   8 9 6 : 4 =   8 9 6 : 8 =

c) 3 9 6 : 3 =   3 9 6 : 6 =   3 9 6 : 9 =

2 Kleine und große Geteiltaufgaben mit und ohne Rest.

a)	b)	c)	d)	e)
24 : 3 = ...	70 : 7 = ...	80 : 8 = ...	36 : 6 = ...	90 : 9 = ...
30 : 3 = ...	35 : 7 = ...	48 : 8 = ...	60 : 6 = ...	45 : 9 = ...
54 : 3 = ...	105 : 7 = ...	128 : 8 = ...	96 : 6 = ...	135 : 9 = ...

f)	g)	h)	i)
50 : 5 = 10	70 : 7 = ...	90 : 9 = ...	......
28 : 5 = 5R3	40 : 7 = ...	30 : 9 = ...	......
78 : 5 = 15R3	110 : 7 = ...	120 : 9 = ...	110 : 8 = ...

3

200 : 4 = ...	200 : 5 = ...	300 : 5 = ...	300 : 6 = ...	400 : 8 = ...
28 : 4 = ...	45 : 5 = ...	40 : 5 = ...	48 : 6 = ...	40 : 8 = ...
228 : 4 = ...	245 : 5 = ...	340 : 5 = ...	348 : 6 = ...	440 : 8 = ...

4

400 : 4 = ...	500 : 5 = ...	700 : 7 = ...	900 : 9 = ...	600 : 6 = ...
36 : 4 = ...	55 : 5 = ...	63 : 7 = ...	45 : 9 = ...	66 : 6 = ...
436 : 4 = ...	555 : 5 = ...	763 : 7 = ...	945 : 9 = ...	666 : 6 = ...

5

600 : 2 = ...	600 : 3 = ...	600 : 6 = ...	630 : 9 = ...	540 : 9 = ...
48 : 2 = ...	30 : 3 = ...	48 : 6 = ...	18 : 9 = ...	90 : 9 = ...
648 : 2 = ...	18 : 3 = ...	648 : 6 = ...	648 : 9 = ...	18 : 9 = ...
	648 : 3 = ...			648 : 9 = ...

Spiegeln mit dem Spiegelbuch

1 Stelle dein Spiegelbuch auf die dicken Linien. Schau dir die entstehende Figur genau an. Vervollständige genauso im Gitter.

a)

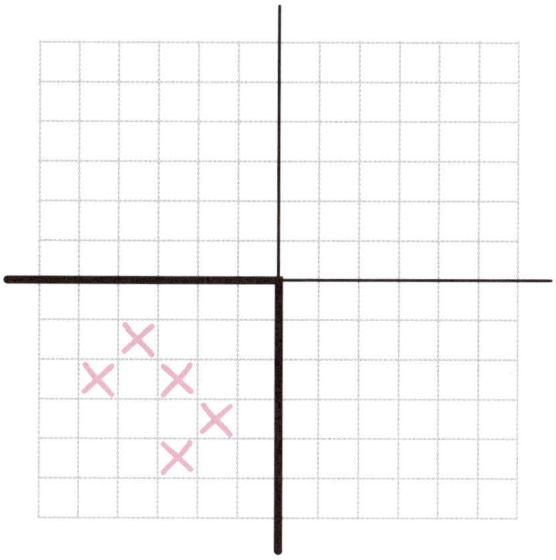

c)

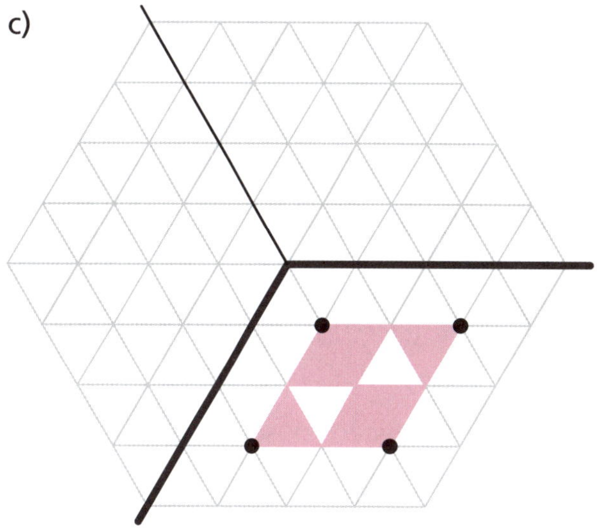

b)

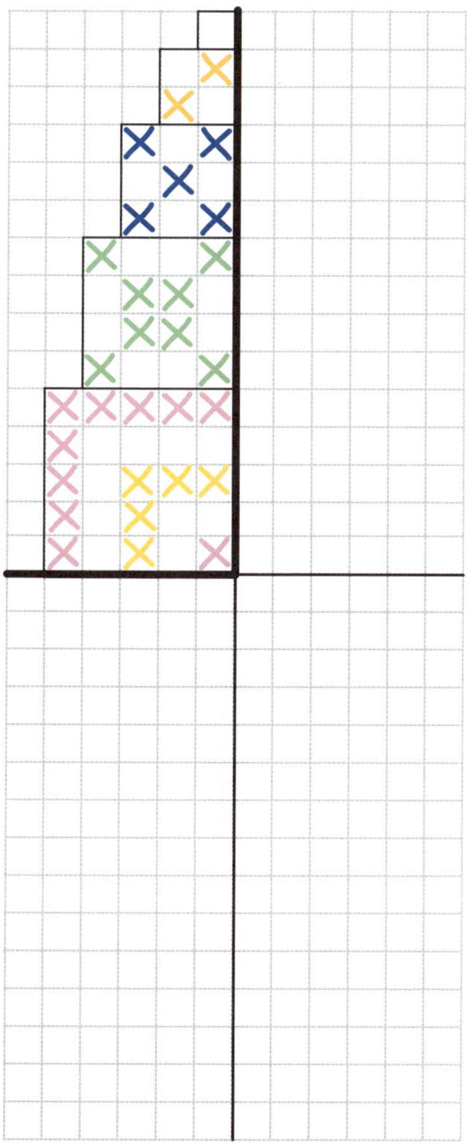

d)

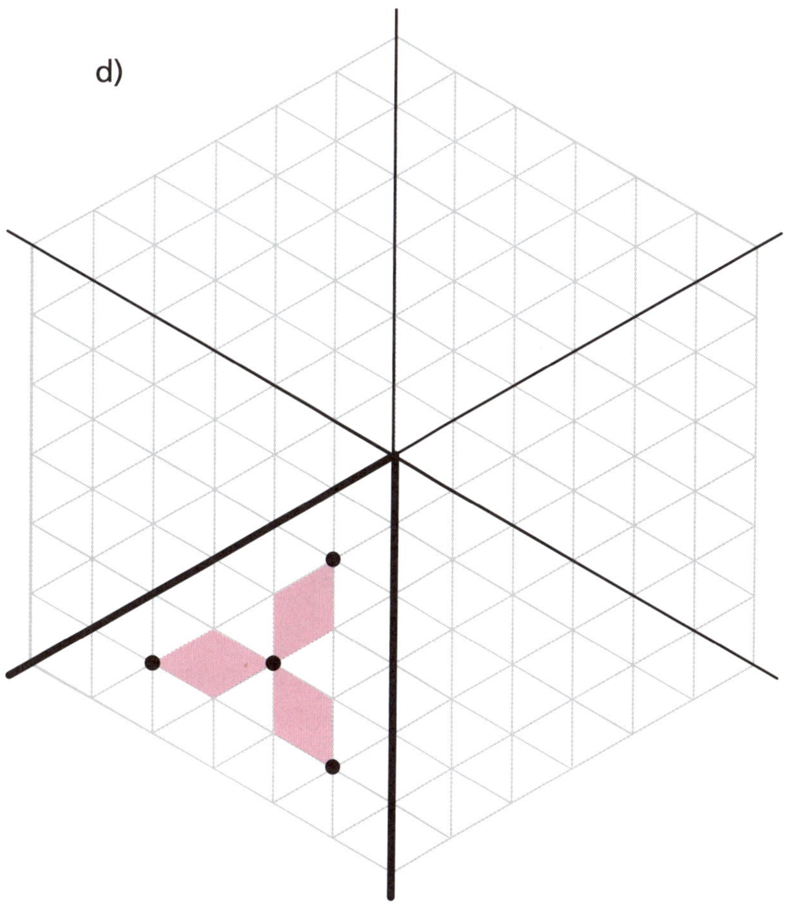

Das Millionbuch

1 Schreibe in Ziffern.

87 volle Tausender, 319 im angefangenen Tausender ……………
319 volle Tausender, 87 im angefangenen Tausender ……………

595 volle Tausender, 59 im angefangenen Tausender ……………
59 volle Tausender, 595 im angefangenen Tausender ……………

99 volle Tausender, 9 im angefangenen Tausender ……………
9 volle Tausender, 99 im angefangenen Tausender ……………

101 volle Tausender, 111 im angefangenen Tausender ……………
11 volle Tausender, 100 im angefangenen Tausender ……………

2 Fülle auf zum nächsten Tausender in 100er-Schritten.

a) 19 300, 19 400, ……, ……, ……, ……, ……, 20 000
b) 680 300, 680 400, ……, ……, ……, ……, ……, 681 000
c) 199 300, 199 400, ……, ……, ……, ……, ……, 200 000
d) 333 300, 333 400, ……, ……, ……, ……, ……, ……

3 Fülle auf zum nächsten Tausender in 10er-Schritten.

a) 129 930, 129 940, ……, ……, ……, ……, ……, 130 000
b) 540 930, 540 940, ……, ……, ……, ……, ……, 541 000
c) 8 930, 8 940, ……, ……, ……, ……, ……, 9 000
d) 19 930, 19 940, ……, ……, ……, ……, ……, ……

4 Fülle auf zum nächsten Tausender in Einerschritten.

a) 709 993, 709 994, ……, ……, ……, ……, ……, 710 000
b) 53 993, 53 994, ……, ……, ……, ……, ……, 54 000
c) 199 993, 199 994, ……, ……, ……, ……, ……, 200 000
d) 1 993, 1 994, ……, ……, ……, ……, ……, ……

5 Überlege am Millionbuch.

a) Ein modernes Bundesligastadion fasst rund 50 000 Zuschauer.
Wie oft muss sich das Stadion füllen,
damit 1 Million Besucher gezählt werden?

……………………………………………………

b) Wie viel Euro sind 1 Million Cent?

……………………………………………………

XVI

1–4 Vorstellung von der Million vertiefen.
5 Größenbeziehung am Millionbuch überlegen.

zu Schülerbuchseite 30/31

1 Ergänze zum nächsten Tausender.

a)
290 + 710 = 1 000
6 290 + ... = ...
16 290 + ... = ...
106 290 + ... = ...

b)
809 + ... = ...
8 809 + ... = ...
38 809 + ... = ...
238 809 + ... = ...

c)
347 + ... = ...
7 347 + ... = ...
47 347 + ... = ...
347 347 + ... = ...

d)
901 + ... = ...
9 901 + ... = ...
99 901 + ... = ...
999 901 + ... = ...

2

a) Immer 1 000 | Immer 1 000 000
379 + ... | 379 000 + ...
458 + ... | 458 000 + ...
537 + ... | 537 000 + ...

b) Immer 1 000 | Immer 1 000 000
616 + ... | 616 000 + ...
705 + ... | 705 000 + ...
111 + ... | 111 000 + ...

3 < oder = oder >? Vergleiche am Millionbuch.

a)
89 977 ○ 101 010
102 354 ○ 90 701
45 109 ○ 109 450
98 765 ○ 567 890

b)
199 990 + 100 ○ 200 000
97 030 + 2 000 ○ 100 000
9 547 + 500 ○ 10 000
903 447 + 100 000 ○ 1 000 000

c)
987 133 − 100 000 ○ 900 000
111 111 − 10 000 ○ 100 000
84 197 − 5 000 ○ 80 000
12 222 − 2 000 ○ 10 000

4 Vergleiche.

a)

20
2 · 10
5 ·
10 ·

20 000
2 ·
5 ·
10 ·

b)

200
2 · 100
4 ·
5 ·
10 ·
100 ·

200 000
2 ·
4 ·
5 ·
10 ·
100 ·

c)

1 000
2 · 500
4 ·
5 ·
10 ·
100 ·
1 000 ·

1 000 000
2 ·
4 ·
5 ·
10 ·
100 ·
1 000 ·

5

a) Addiere immer 100 000.
163 718, 263 718, ..., ..., ..., ..., ..., ...

b) Addiere immer 10 000.
163 718, 173 718, ..., ..., ..., ..., ..., ...

c) Addiere immer 1 000.
163 718, 164 718, ..., ..., ..., ..., ..., ...

d) Addiere immer 100.
163 718, 163 818, ..., ..., ..., ..., ..., ...

e) Wähle eigene Startzahlen, rechne im Heft wie in **a) – d)**.

1, 2, 4, 5 Analogien zwischen Zahlenräumen herstellen und nutzen.
3 Am Millionbuch überlegen.

Kleine und große Zahlen

1 Einwohnerzahlen der 16 Landeshauptstädte. Ordne nach der Größe.

Berlin	(B)	3 394 000 1.	Hannover	(H)	516 000	Potsdam	(P)	147 000 ......
Bremen	(HB)	546 000	Kiel	(KI)	230 000	Saarbrücken	(SB)	179 000 ......
Dresden	(DD)	490 000	Magdeburg	(MD)	229 000	Schwerin	(SN)	97 000 ......
Düsseldorf	(D)	573 000	Mainz	(MZ)	192 000	Stuttgart	(S)	593 000 ......
Erfurt	(EF)	203 000	München	(M)	1 254 000	Wiesbaden	(WI)	275 000 ......
Hamburg	(HH)	1 738 000 2.						

B, HH, ...

2 Rechne zuerst die Aufgabe mit den kleinen Zahlen.

a) 225 000 + 225 000 = 450 000
225 + 225 = 450

425 000 + 425 000 = ...
425 + 425 = ...

725 000 + 125 000 = ...
...... + ... = ...

175 000 + 725 000 = ...
...... + ... = ...

505 000 + 495 000 = ...
...... + ... = ...

b) 1 000 000 – 125 000 = 875 000
1000 – 125 = 875

525 000 – 375 000 = ...
...... – ...... = ...

475 000 – 250 000 = ...
...... – ...... = ...

850 000 – 175 000 = ...
...... – ...... = ...

925 000 – 350 000 = ...
...... – ...... = ...

c) 500 = 240 + 260
500 000 = 240 000 + 260 000

900 = 480 + ...
900 000 = ... + ...

860 = 410 + ...
860 000 = ... + ...

774 = 420 + ...
774 000 = ... + ...

d) 500 = 2 · 250
500 000 = 2 · 250 000

900 = 3 · ......
900 000 = ... · ......

800 = 4 · ......
800 000 = ... · ......

490 = 7 · ......
490 000 = ... · ......

3

a)
1 000 – 3 = ...
1 000 – 30 = ...
1 000 – 300 = ...
1 000 – 7 = ...
1 000 – 70 = ...
1 000 – 700 = ...

b)
10 000 – 3 = ...
10 000 – 30 = ...
10 000 – 300 = ...
10 000 – 7 = ...
10 000 – 70 = ...
10 000 – 700 = ...

c)
100 000 – 3 = ...
100 000 – 30 = ...
100 000 – 300 = ...
100 000 – 7 = ...
100 000 – 70 = ...
100 000 – 700 = ...

XVIII

1 Zahlen ordnen.
2, 3 Analogien erkennen und nutzen.

zu Schülerbuchseite 34/35

1 Schreibe die Zahlen mit Ziffern und lies die Zahlen.

a)

M	HT	ZT	T	H	Z	E
	●●	●		●	●●	

....

M	HT	ZT	T	H	Z	E
	●	●●●	●●		●	●●

....

M	HT	ZT	T	H	Z	E
	●●●		●		●	●●

....

b)

M	HT	ZT	T	H	Z	E
	●●●●	●●●●●●●	●●●	●●●	●●●●●●●	●●●●

....

M	HT	ZT	T	H	Z	E
●●●●		●●●	●●●●●●●	●●●●	●●●●●●●	●●●

....

M	HT	ZT	T	H	Z	E
●●●	●●●●●●●	●●●	●●●	●●●●	●●●●	●●●●●●●

....

2 Lies die Zahlen und schreibe sie mit Ziffern.

a) achthundertfünfzigtausend siebenhundertneunzig ....

b) siebenundachtzigtausend fünfundachtzig ....

c) siebenhundertundneuntausend achthundertfünf ....

d) neunundsiebzigtausend fünfhundertachtzig ....

e) sieben Millionen neunhundertachtundfünfzigtausend ....

3 Monika legt die Zahl 825 764. Mario nimmt ein Plättchen weg.
Welche Zahlen können es jetzt sein?

....

4 Trage die Zahlen in die Stellentafel ein.

a)

	M	HT	ZT	T	H	Z	E
1 461 174	1	4	6	1	1	7	4
4 165 417							
714 417							
345 018							
10 481							
3 120 184							
819 789							
1 409 135							
5 050 505							

b)

	M	HT	ZT	T	H	Z	E
1 023 456							
1 203 456							
1 230 456							
1 234 056							
1 234 506							
1 234 560							
123 456							
123							
1 654 321							

5 Schöne Päckchen. Setze fort.

a) 111 111 + ... = 112 000
222 222 + ... = 223 000
333 333 + ... = 334 000
....
....
....

b) 123 321 + ... = 124 000
234 432 + ... = 235 000
345 543 + ... = 346 000
....
....
....

Zahlenstrahl

1 a) Zähle in Hunderterschritten weiter.

9 600 | 9 700 | .... | .... | .... | .... | ....

b) Ordne die Zahlen ein: 9 650, 9 980, 10 050, 10 170.

2 a) Zähle in Tausenderschritten weiter.

46 000 | 47 000 | .... | .... | .... | .... | ....

b) Ordne die Zahlen ein: 47 500, 49 900, 50 001, 51 750.

3 a) Zähle in Zehntausenderschritten weiter.

460 000 | 470 000 | .... | .... | .... | .... | ....

b) Ordne die Zahlen ein: 469 000, 485 000, 490 010, 515 000.

4 a) Zähle in Hunderttausenderschritten weiter.

200 000 | 300 000 | .... | .... | .... | .... | ....

b) Ordne die Zahlen ein: 360 000, 425 000, 500 050, 666 666.

5 Schreibe die Nachbarzahlen auf.

99 989, 99 990, 99 991	........, 300 000, ...	........, 500 005, ...
........, 99 980, ...	........, 300 010, ...	........, 500 500, ...
........, 99 890, ...	........, 300 100, ...	........, 550 000, ...
........, 99 860, ...	........, 301 000, ...	........, 500 000, ...
........, 99 999, ...	........, 310 000, ...	........, 505 000, ...

6 a) Immer 1 000 | Immer 1 000 000 | b) Immer 1 000 | Immer 1 000 000

a) Immer 1 000	Immer 1 000 000	b) Immer 1 000	Immer 1 000 000
348 + ...	348 000 + ...	555 + ...	555 000 + ...
438 + ...	438 000 + ...	666 + ...	666 000 + ...
843 + ...	843 000 + ...	777 + ...	777 000 + ...

7 Nächster Service-Termin bei 150 000 km

Wie viel Kilometer sind es noch?

132469	148542	141037	150325
.... km	.... km	.... km	.... km

XX

1–4 Zahlen in Ausschnitte des Zahlenstrahls einordnen.
5 Nachbarzahlen bestimmen.
6, 7 Ergänzen.

zu Schülerbuchseite 38

1 Zähle in 4 Schritten.

a) 0 | 250 | 500 | ...... | 1 000

b) 0 | ...... | 5 000 | ...... | 10 000

c) 0 | ...... | ...... | ...... | 100 000

d) 0 | ...... | ...... | ...... | 1 000 000

2 Zähle in 8 Schritten.

a) 0 | 125 | 250 | 375 | 500 | ...... | 1 000

b) 0 | 1250 | ...... | 10 000

c) 0 | ...... | 100 000

d) 0 | ...... | 1 000 000

3 Welche Zahl liegt genau in der Mitte?

a) 50 | ...... | 80

50 000 | ...... | 80 000

b) 120 | ...... | 200

120 000 | ...... | 200 000

c) 460 | ...... | 600

460 000 | ...... | 600 000

d) 2 000 | ...... | 2 010

200 000 | ...... | 201 000

e) 5 960 | ...... | 6 020

596 000 | ...... | 602 000

f) 6 990 | ...... | 7 000

699 000 | ...... | 700 000

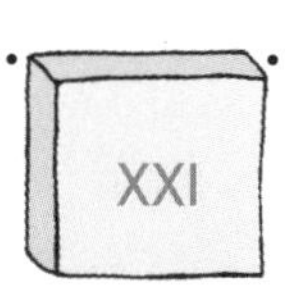

1, 2 Zählen an Ausschnitten des Zahlenstrahls.
3 Mittelwert von zwei Zahlen bestimmen.

Rechnen mit Tausendern

1 Runde alle Mitgliederzahlen in der Tabelle auf volle Tausender.

Mitglieder des Deutschen Schwimm-Verbandes e. V.

Kinder bis 14 Jahre		Jugendliche 15–18 Jahre		Erwachsene über 18 Jahre	
weiblich	männlich	weiblich	männlich	weiblich	männlich
152 889	144 371	29 811	29 445	132 905	120 612
rund 153 000	rund	rund	rund	rund	rund ....

Rechne die folgenden Aufgaben mit vollen Tausendern.

2 a) Im Deutschen Schwimm-Verband sind
.... Kinder bis 14 Jahre,
.... Jugendliche von 15–18 Jahren,
.... Kinder und Jugendliche bis 18 Jahre,
.... Erwachsene.

3 Im Jahr 1976 hatte der Deutsche Behindertensportverband e.V. 89 768 Mitglieder. Im Jahr 2006 waren es 357 693 Mitglieder. Um wie viele ist die Zahl der Mitglieder in den 30 Jahren angestiegen?

....

....

4 a)

Zahl	110 000	310 000	270 000	490 000	80 000	180 000	380 000
das Doppelte	220 000						

b)

Zahl	430 000	630 000	670 000	540 000	860 000	900 000	910 000
die Hälfte	215 000						

5 a) 360 · 2 = ...
360 000 · 2 = ...

235 · 2 = ...
235 000 · 2 = ...

137 · 2 = ...
137 000 · 2 = ...

b) 720 : 2 = ...
720 000 : 2 = ...

470 : 2 = ...
470 000 : 2 = ...

274 : 2 = ...
274 000 : 2 = ...

c) 450 · 2 = ...
450 000 · 2 = ...

450 : 2 = ...
450 000 : 2 = ...

540 · 2 = ...
540 000 · 2 = ...

6 a) Meine Zahl ist um 250 000 größer als 750 000. Meine Zahl heißt ....
b) Meine Zahl ist um 250 000 kleiner als 750 000. Meine Zahl heißt ....

XXII

1, 2 Auf volle Tausender runden. Tabelle auswerten.
4, 5 Halbieren und Verdoppeln von vollen Tausendern.

zu Schülerbuchseite 40/41

Runden auf Millionen ....

1 Runde alle Einwohnerzahlen in der Tabelle auf volle Millionen.

Deutschland

Einwohner bis 14 Jahre		Einwohner 15–65 Jahre		Einwohner über 65 Jahre	
männlich	weiblich	männlich	weiblich	männlich	weiblich
6 785 000	6 445 000	28 916 000	27 749 000	5 036 000	8 192 000
rund	rund	rund	rund	rund	rund ....

2 Stelle die gerundeten Einwohnerzahlen in einem Diagramm dar.
1 Rechenkästchen bedeutet 1 Million Einwohner.

Einwohner bis 14 Jahre: männlich, weiblich
15 – 65 Jahre: männlich, weiblich
über 65 Jahre: männlich, weiblich

Vergleiche die Anzahl der männlichen und der weiblichen Einwohner. Was fällt dir auf?

3 Rechne mit vollen Millionen.
In Deutschland leben .... Einwohner bis 14 Jahre.
In Deutschland leben .... Einwohner von 15–65 Jahren.
In Deutschland leben .... Einwohner über 65 Jahre.

4

500 + 800 = ...	5 000 + 8 000 = ...	5 000 000 + 8 000 000 = ...
700 + 1 200 = ...	7 000 + 12 000 = ...	7 000 000 + 12 000 000 = ...
1 100 + 1 400 = ...	11 000 + 14 000 = ...	11 000 000 + 14 000 000 = ...

5

800 − 500 = ...	8 000 − 5 000 = ...	8 000 000 − 5 000 000 = ...
1 200 − 700 = ...	12 000 − 7 000 = ...	12 000 000 − 7 000 000 = ...
1 400 − 1 100 = ...	14 000 − 11 000 = ...	14 000 000 − 11 000 000 = ...

6 a) Meine Zahl ist um 100 000 kleiner als 1 000 000. Meine Zahl heißt ....
b) Meine Zahl ist um 100 000 größer als 1 000 000. Meine Zahl heißt ....

Schriftliche Addition

1 Rechne und setze fort.

a)
1234	2345	3456	4567		
+ 3087	+ 3087	+ 3087	+ 3087	+	+

b)
1234	2345	3456	4567		
+ 2889	+ 2889	+ 2889	+ 2889	+	+

c)
12345	23456	34567		
+ 22167	+ 22167	+ 22167	+	+

d)
12345	23456	34567		
+ 32778	+ 32778	+ 32778	+	+

Vergleiche immer das Ergebnis mit der ersten Zahl. Was fällt dir auf?

2 Rechne immer zuerst + 17 652, dann + 82 348. Vergleiche die Anfangszahl mit dem Ergebnis.

a) 767652 + 17652 = 785304 → 785304 + 82348 =

b) 144138 + 17652 = → + 82348 =

c) 90671 + 17652 = → + 82348 =

d) 348176 + 17652 = → + 82348 =

e) Probiere im Heft mit eigenen Zahlen.

3 Welche Ziffern fehlen?

a) 1 8 1 6 8 + 2 □ 7 4 2 = 4 7 9 1 □

b) 2 8 4 3 □ + 2 □ 4 8 1 = 5 1 9 1 3

c) 6 3 4 1 + □ □ 4 □ = 9 2 8 3

d) □ 5 □ 9 + 6 2 3 6 = 9 7 4 5

e) 2 4 8 □ + □ 6 5 = 2 7 □ 8

f) 4 7 8 6 □ + □ 2 □ 3 = □ 0 1 2 6

4 Wie lautet die Regel? Wie geht es weiter?

a) 20, 40, 80, 160, 320, ……

b) 80 000, 40 000, 20 000, ……

c) 1 000 000, 500 000, 250 000, ……

1 Rechne und setze fort.

a)

9 8 7 6	8 7 6 5	7 6 5 4	6 5 4 3		
− 3 0 8 7	− 3 0 8 7	− 3 0 8 7	− 3 0 8 7	−	−

b)

4 1 2 3	5 2 3 4	6 3 4 5	7 4 5 6		
− 2 8 8 9	− 2 8 8 9	− 2 8 8 9	− 2 8 8 9	−	−

c)

4 5 1 2 3	5 6 2 3 4	6 7 3 4 5		
− 3 2 7 7 8	− 3 2 7 7 8	− 3 2 7 7 8	−	−

Vergleiche immer das Ergebnis mit der ersten Zahl. Was fällt dir auf?

2 Rechne immer zuerst −17 652, dann −82 348. Vergleiche die Anfangszahl mit dem Ergebnis.

a)

1 6 7 6 5 2	1 5 0 0 0 0
− 1 7 6 5 2	− 8 2 3 4 8
1 5 0 0 0 0 →	

b)

2 4 4 1 3 8	
− 1 7 6 5 2	− 8 2 3 4 8

c)

1 9 0 6 7 1	
− 1 7 6 5 2	− 8 2 3 4 8

d)

4 4 8 1 7 6	
− 1 7 6 5 2	− 8 2 3 4 8

e) Probiere im Heft mit eigenen Zahlen über 100 000.

3 Welche Ziffern fehlen?

a)	b)	c)	d)	e)	f)
5 8 9 1 0	□ 2 2 2 7	8 7 □ □ 0	□ □ 6 0 □	1 0 6 9 3 8	1 □ 5 8 0 1
− 1 □ 4 5 6	− 1 5 6 □ 2	− 2 0 1 8 4	− 6 8 2 0	− □ □ □ 4 0	− 2 □ 8 9 2
□ 5 4 5 4	5 6 5 6 □	□ 7 6 7 □	8 7 8 7	8 9 8 9 8	9 0 □ 0 □

4 Hüpf in der Reihe! Rechne immer mit dem Ergebnis weiter.

67 153	65 435	78 027	11 979	5 940
+ 10 874	− 53 456	− 72 087	+ 88 020	+ 59 495
....	....	....	....	....

Ziel 99 999

1 Verkehrsmittel dürfen verschieden viel Gewicht zuladen.

Seilbahn
Nutzlast 6 400 kg

Linienbus
Nutzlast 9 100 kg

Wuppertaler Schwebebahn
Nutzlast 13 t 300 kg

Nahverkehrszug
Nutzlast 67 t

a) Ordne nach der Nutzlast.

.... < .... < .... < ....

b) Wie viele Personen dürfen in jedem Verkehrsmittel mitfahren, wenn für eine Person mit Gepäck 100 kg gerechnet werden?

....

....

2

a) Immer 1 t	b) Immer 1 t	c) Immer 2 t	d) Immer 2 t
513 kg + 487 kg	403 kg + ...	508 kg + 1 492 kg	788 kg + ...
108 kg + ...	397 kg + ...	57 kg + ...	887 kg + ...
68 kg + ...	70 kg + ...	379 kg + ...	325 kg + ...
905 kg + ...	506 kg + ...	463 kg + ...	532 kg + ...
4 kg + ...	440 kg + ...	99 kg + ...	72 kg + ...

3 Berechne die fehlenden Gewichtsangaben.

Fahrzeug	zulässiges Gesamtgewicht	Leergewicht	Nutzlast
Pkw	1 230 kg	785 kg	
Linienbus	17 200 kg	10 536 kg	
Straßenbahn	49 440 kg		14 690 kg
Kleinlaster	7 500 kg		3 966 kg
Sportflugzeug	2 945 kg		182 kg

4 Wie viel Gramm wiegt eine halbe Tonne?

....

....

5

Wie viel Tonnen wiegen 1 Million 10-Cent-Münzen?
Eine 10-Cent-Münze wiegt etwa 4 g.

....

XXVI

1 Lies ab, wie viel ml es sind.

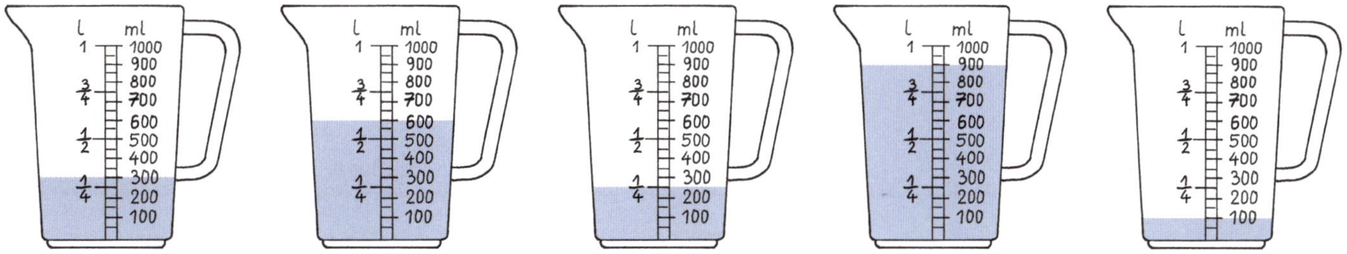

.... ml .... ml .... ml .... ml .... ml

2 Zeichne in den Messbecher ein.

$\frac{1}{2}$ l = ... ml 200 ml 800 ml 450 ml $\frac{3}{4}$ l = ... ml

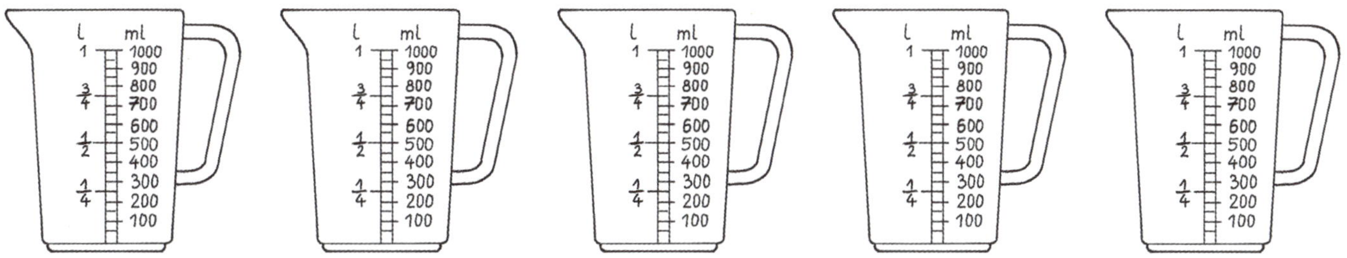

3

1 Glas
100 ml

1 Tasse
125 ml

1 Becher
200 ml

1 Krug
250 ml

Wie kannst du mit diesen Gefäßen Flüssigkeiten zusammengießen? Finde mehrere Möglichkeiten.

a) Immer $\frac{1}{2}$ l

200 ml + 200 ml + 100 ml

250 ml + 250 ml

....

....

....

b) Immer $\frac{3}{4}$ l

....

....

....

....

....

c) Immer 1 l

4 · 250 ml

....

....

....

....

4 Wie viel ml? Zeichne in den Messbecher ein.

0,5 l = ... ml 0,7 l = ... ml 0,33 l = ... ml 0,2 l = ... ml 0,25 l = ... ml

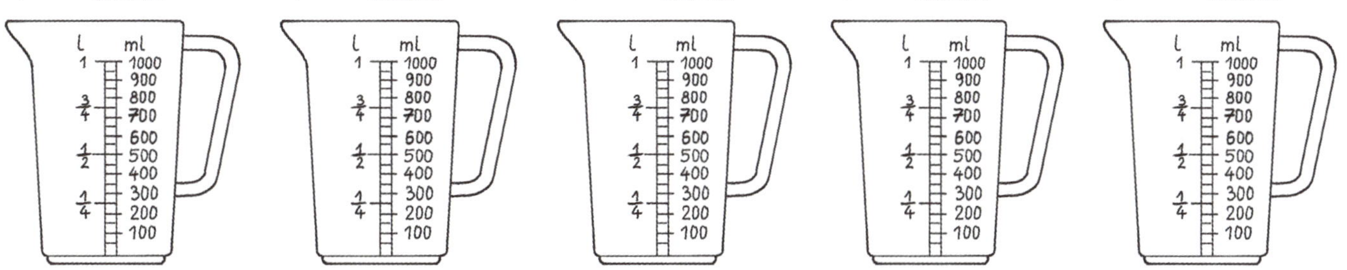

Quader und Würfel

1 Wie viele Würfel passen in die Schachtel?

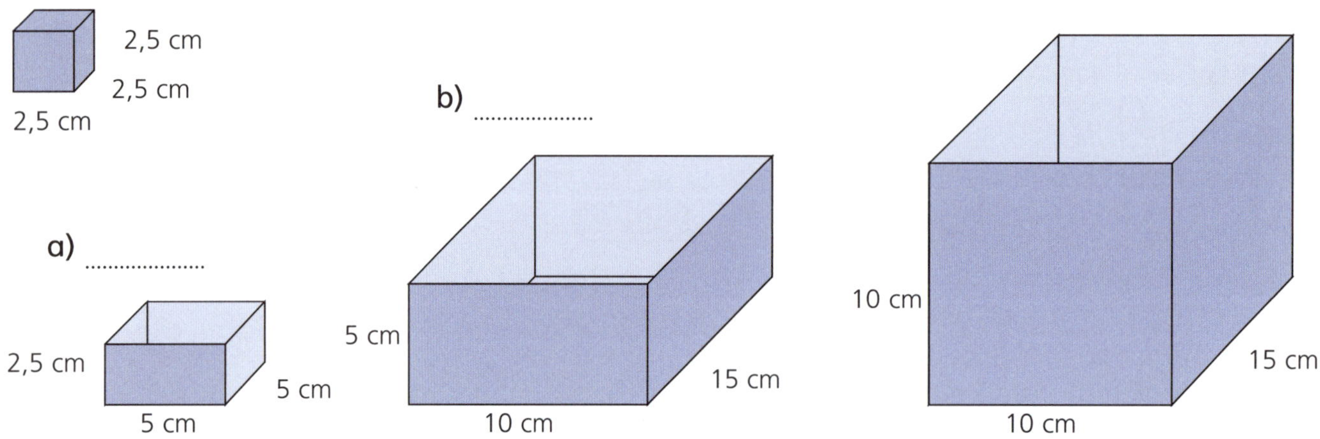

a) ....

b) ....

c) ....

2 Ergänze zu einem Quadernetz.

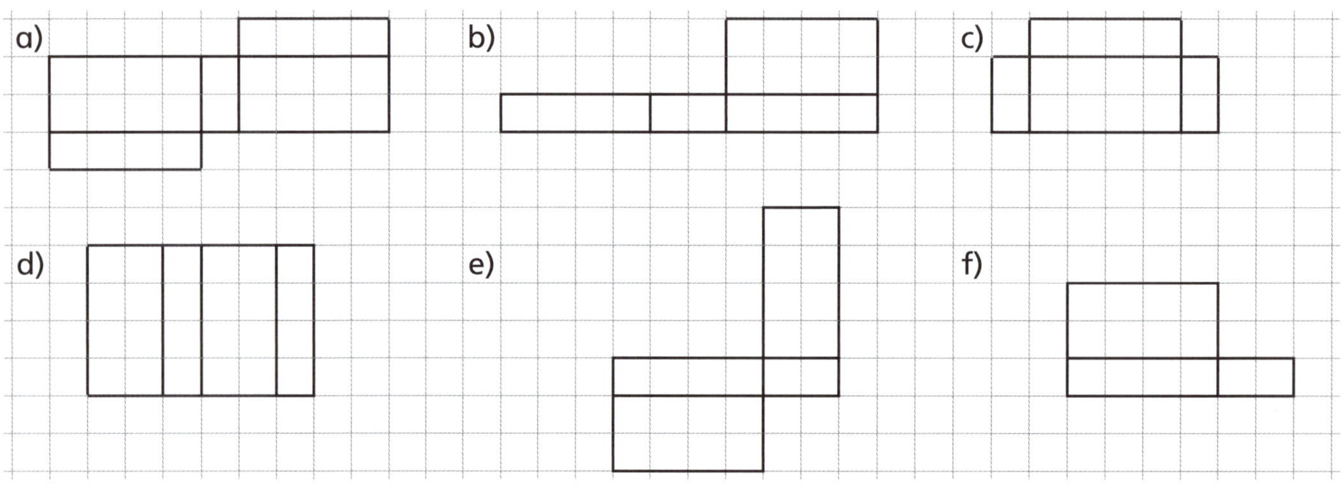

3

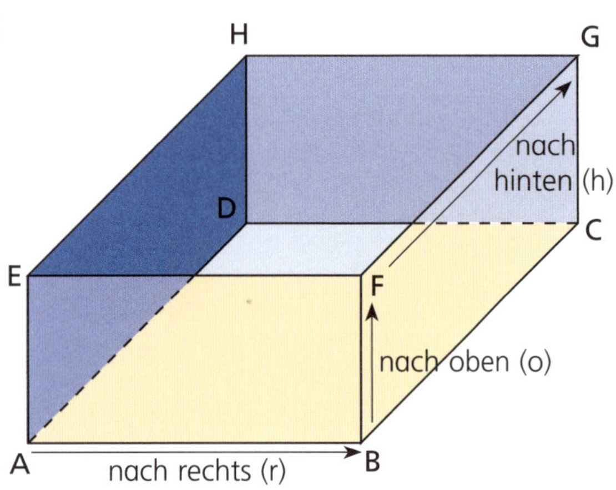

Auf den Quaderkanten kannst du in verschiedenen Richtungen laufen: nach vorne (v), nach hinten (h), nach rechts (r), nach links (l), nach oben (o), nach unten (u). Starte und laufe wie angegeben. Wo landest du?

a)

Start		Ziel
A	r – o – h	G
B	l – h – r – o	G
E	r – h – u – v	....
F	h – l – u – v	....

b)

Start		Ziel
A	r – h – l – o – v	....
B	l – o – h – r – v	....
E	u – r – h – l – o	....
F	l – h – r – u – v	....

c)

Start		Ziel
A	o – r – h	....
A	o – r – u – h – o	....
A	r – o – l – h – r	....
A	h – r – v – o – h	....

d)

Start		Ziel
A	o – r – h – l – u – v	....
B	l – o – h – r – u – v	....
E	h – u – v – r – o – h – l – v	....
F	u – h – l – v – r – o	....

Von einfachen zu schweren Multiplikationsaufgaben

1 a)

5 600
8 · 700
80 ·
800 ·
7 · 800
70 ·
700 ·

56 000
8 ·
80 ·
800 ·
8 000 ·
7 ·
70 ·
700 ·
7 000 ·

b)

32 000
2 · 16 000
4 ·
8 ·
16 ·
32 ·

320 000
2 ·
4 ·
8 ·
16 ·
32 ·

2 a) 4 · 600 = ... 4 · 690 = ...
4 · 90 = ... 4 · 98 = ...
4 · 8 = ... 4 · 608 = ...
4 · 698 = ...

b) 7 · 400 = ... 7 · 460 = ...
7 · 60 = ... 7 · 69 = ...
7 · 9 = ... 7 · 409 = ...
7 · 469 = ...

3 a) 65 · 73 = ...

•	70	3
60		
5		

63 · 75 = ...

•	70	5
60		
3		

b) 36 · 57 = ...

•	50	7
30		
6		

56 · 37 = ...

•	30	7
50		
6		

c) 89 · 54 = ...

•		

84 · 59 = ...

•		

d) 49 · 58 = ...

•		

48 · 59 = ...

•		

4 a) 7 148 · 3 = ...

•	3
7 000	
100	
40	
8	

b) 1 788 · 7 = ...

•	7
1 000	
700	
80	
8	

c) 5 361 · 4 = ...

•	4
5 000	
300	
60	
1	

d) 2 086 · 6 = ...

•	6
2 000	
80	
6	

Kontrolliere: Je zwei Ergebnisse sind gleich.

Von einfachen zu schweren Divisionsaufgaben

1

a)
72 : 8 =
720 : 8 =
7 200 : 8 =
72 000 : 8 =
720 000 : 8 =

b)
28 : 4 =
280 : 4 =
2 800 : 4 =
28 000 : 4 =
280 000 : 4 =

c)
35 : 7 =
350 : 7 =
3 500 : 7 =
35 000 : 7 =
350 000 : 7 =

2

a)
48 000 : 2 =
48 000 : 4 =
48 000 : 8 =

b)
45 000 : 3 =
45 000 : 6 =
45 000 : 9 =

c)
60 000 : 2 =
60 000 : 4 =
60 000 : 8 =

3

a)
30 000 : 6 =
15 000 : 3 =

b)
30 000 : 5 =
30 000 : 10 =

c)
30 000 : 2 =
30 000 : 4 =

4

a)
7 000 : 7 =
49 : 7 =
7 049 : 7 =

b)
30 000 : 5 =
1 000 : 5 =
31 000 : 5 =

c)
3 000 : 6 =
540 : 6 =
3 540 : 6 =

d)
3 200 : 8 =
400 : 8 =
3 600 : 8 =

e)
18 000 : 6 =
1 200 : 6 =
19 200 : 6 =

f)
18 000 : 9 =
1 800 : 9 =
19 800 : 9 =

g)
16 000 : 4 =
160 : 4 =
16 160 : 4 =

h)
27 000 : 3 =
900 : 3 =
27 900 : 3 =

5 Rechne immer zuerst die einfache Aufgabe.

a)
600 : 3 =
603 : 3 =
630 : 3 =

b)
343 : 7 =
350 : 7 =
357 : 7 =

c)
1 200 : 6 =
1 260 : 6 =
1 206 : 6 =

d)
4 000 : 8 =
4 040 : 8 =
4 400 : 8 =

e)
1 600 : 8 =
1 680 : 8 =
1 616 : 8 =

f)
8 040 : 8 =
8 000 : 8 =
8 800 : 8 =

g)
4 400 : 5 =
4 500 : 5 =
4 550 : 5 =

h)
2 700 : 9 =
2 790 : 9 =
2 799 : 9 =

6 Zwei Angebote. Vergleiche.

7 Ein Sportverein erhebt die Beiträge jährlich (120 Euro), halbjährlich (64 Euro) oder vierteljährlich (34 Euro). Vergleiche. Wie hoch ist etwa der Monatsbeitrag?

Rechnen mit Zeitspannen

1 Trage ein.

a)

Zeit	1 h	6 h	12 h	1 Tag	10 h	5 h		$\frac{1}{2}$ h	$\frac{1}{4}$ h
Minuten	60 min						180 min		

b)

Zeit	1 min	10 min	30 min	1 h	$\frac{1}{2}$ h	$\frac{1}{4}$ h	8 h	1 Tag	$\frac{1}{2}$ Tag
Sekunden	60 s			3 600 s				86 400 s	

2 Wie viele Flügelschläge pro Minute?

Vogel	Flügelschläge pro Sekunde	Flügelschläge pro Minute
Storch	2	120
Wanderfalke	4	
Blässhuhn	6	
Haussperling	13	
Kolibri	45	

3 Ein Fußgänger legt in 1 Sekunde etwa 1 m zurück. Für 100 m braucht er etwa 100 Sekunden. Die schnellsten Sprinter der Welt brauchen für 100 m etwa 10 Sekunden.

Weltrekorde — Stand: 2006

Strecke	Herren	Damen
100 m	9,77	10,49
800 m	1:41,11	1:53,28
5 000 m	12:37,35	14:24,68
10 000 m	26:17,53	29:31,78

a) Die schnellsten Läuferinnen benötigen für 5 000 m etwa 15 Minuten. Wie lange brauchen sie durchschnittlich für 100 m?
Löse mit einer Tabelle.

5 000 m	15 min = ... s
1 000 m	
100 m	

b) Die besten Marathonläufer benötigen für etwa 40 km ungefähr 2 Stunden.
Wie viele Sekunden brauchen sie für 100 m?

....

4 Wie viele Tage etwa dauert der Winterschlaf?

Siebenschläfer

Tier	Dauer des Winterschlafs
Siebenschläfer	7 Monate = etwa .... Tage
Fledermaus	5 Monate = etwa .... Tage
Grasfrosch	$4\frac{1}{2}$ Monate = etwa .... Tage
Igel	$3\frac{1}{2}$ Monate = etwa .... Tage
Eichhörnchen	3 Monate = etwa .... Tage

Mit Würfeln bauen

1 Welcher Bauplan gehört zu welchem Gebäude?

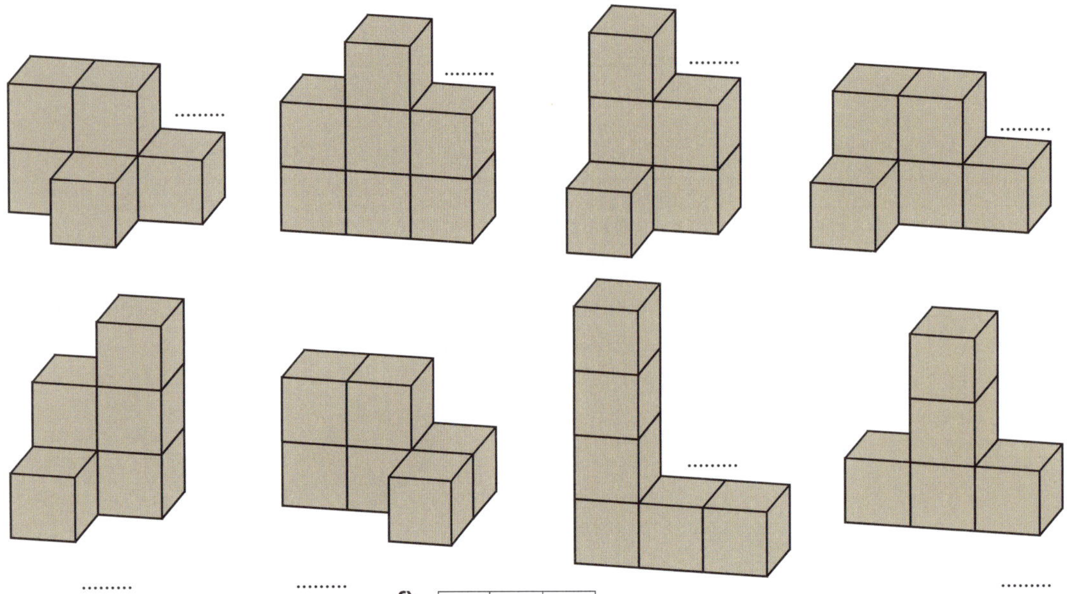

a)

1	1	4

b)

1	3
	2

c)

2	2	1
	1	

d)

1	2
	3

e)

2	3	2

f)

2	2	1
		1

g)

1	3	1

h)

		1
1	2	2

2 Vergleiche die Baupläne. Welche Gebäude sind deckungsgleich?
Baue mit Würfeln nach und kontrolliere.

a)

1	2	2
		1

b)

1	2
1	2

c)

2	1	
	2	1

d)

2	1
2	1

e)

	1	2
2	1	

f)

2	2	1
1		

g)

	2	1
1	2	

h)

1	2	
	1	2

3 Auf dem Grundriss kann man mit 7 Würfeln 9 verschiedene Gebäude bauen.
Zeichne zuerst die Baupläne und baue dann die Gebäude nach.

4 Auf dem Grundriss kann man mit 6 Würfeln 10 verschiedene Gebäude bauen.
Zeichne zuerst die Baupläne und baue dann die Gebäude nach.
Welche Gebäude sind spiegelsymmetrisch? Stelle sie jeweils nebeneinander und betrachte sie im Spiegel.

1 a) 667 · 3 = ...

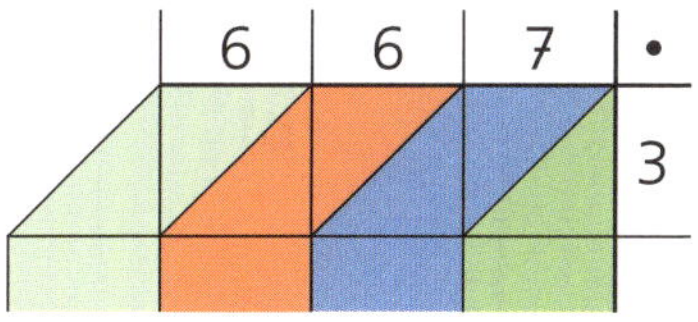

667 · 33 = ...

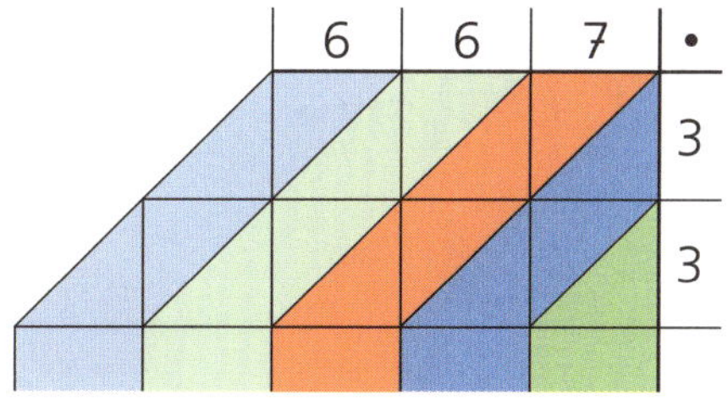

667 · 333 = ...

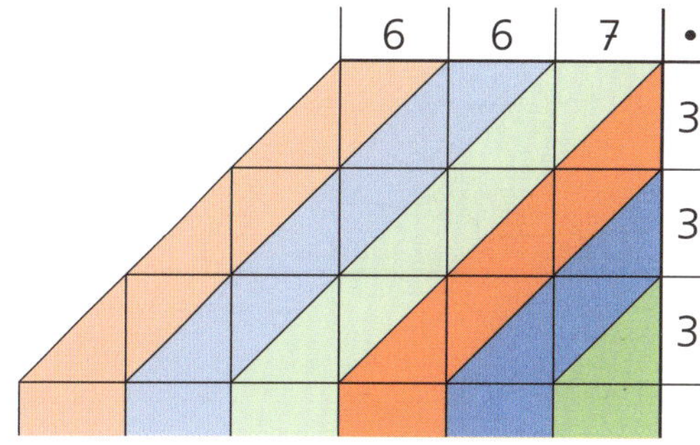

b) 594 · 6 = ...

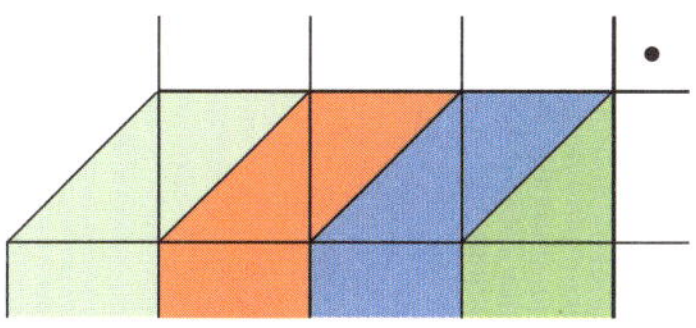

594 · 36 = ...

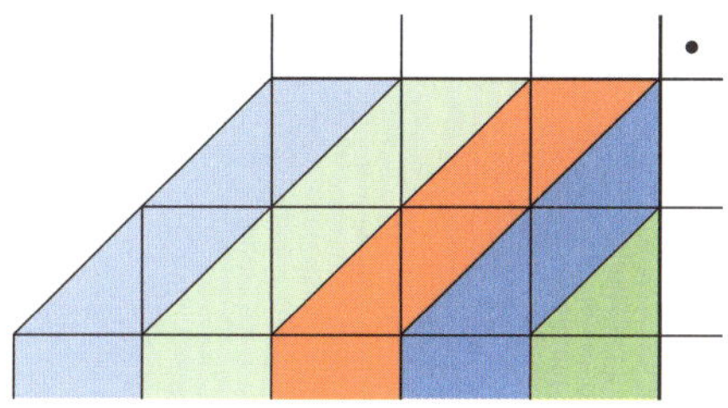

594 · 366 = ...

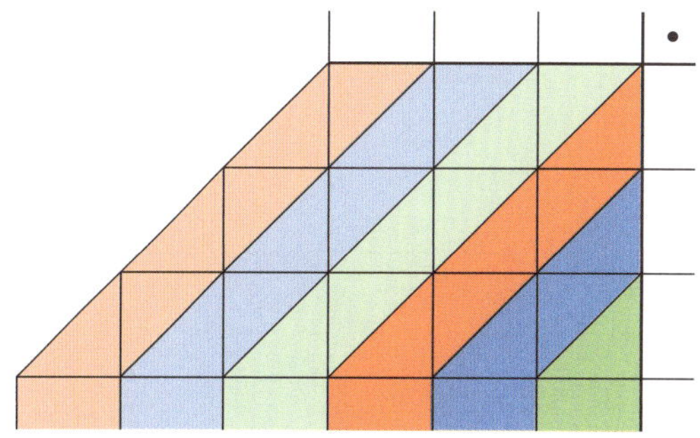

c) 667 · 36 = ...

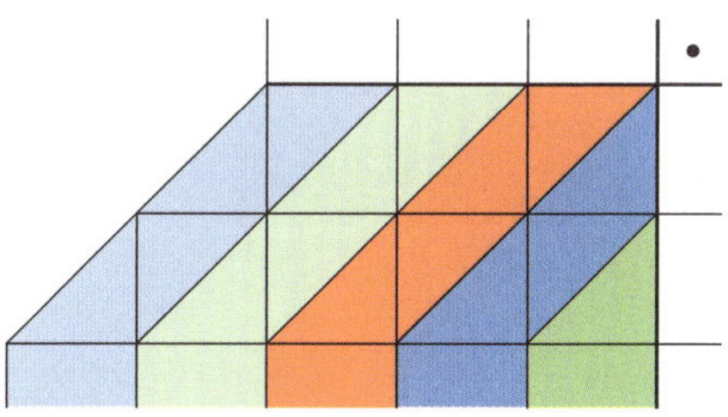

667 · 63 = ...

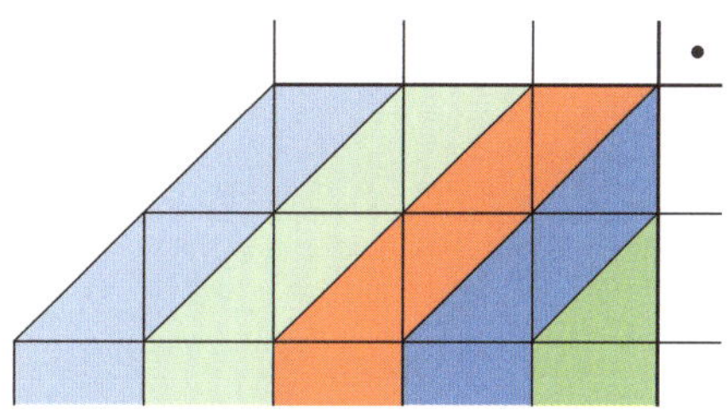

667 · 99 = ...

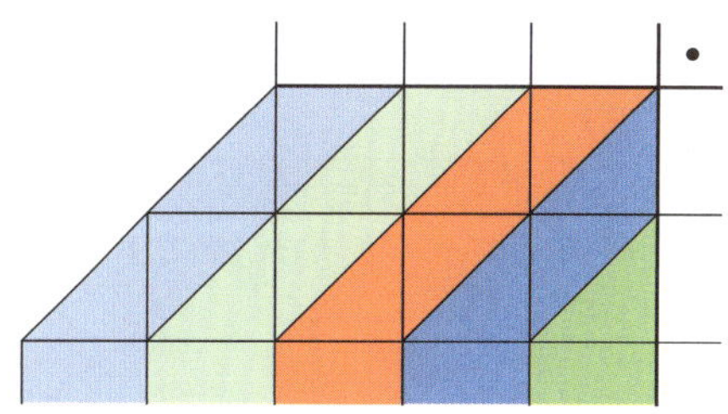

2 Multipliziere zuerst, addiere dann die beiden Ergebnisse.

a) 813 · 27 = ...

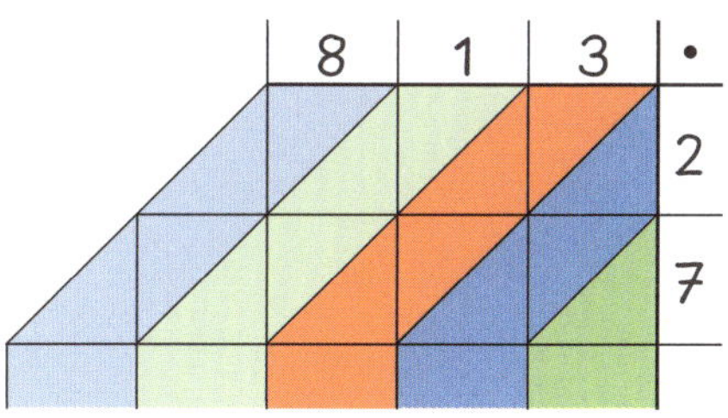

813 · 73 = ...

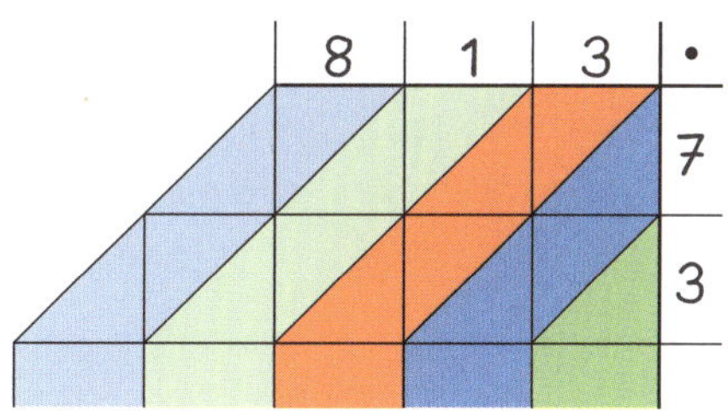

a)

b) 574 · 47 = ...

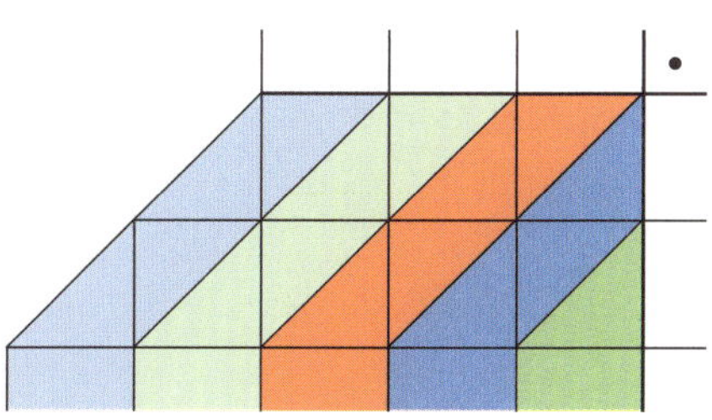

574 · 53 = ...

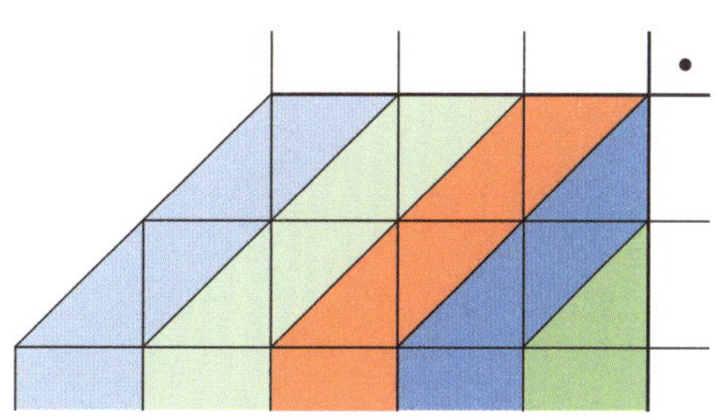

b)

Schriftliche Multiplikation

1 Multipliziere zuerst mit Malstreifen. Rechne dann kurz. Vergleiche.

a)

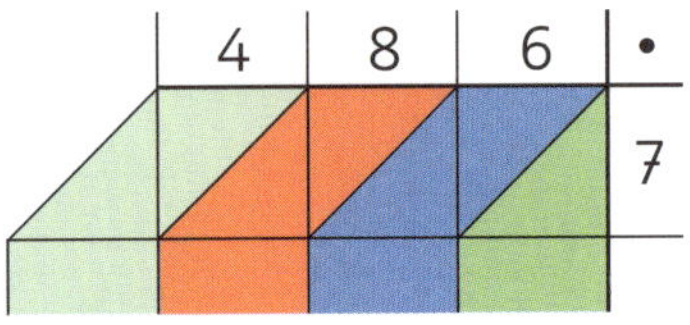

486 · 7

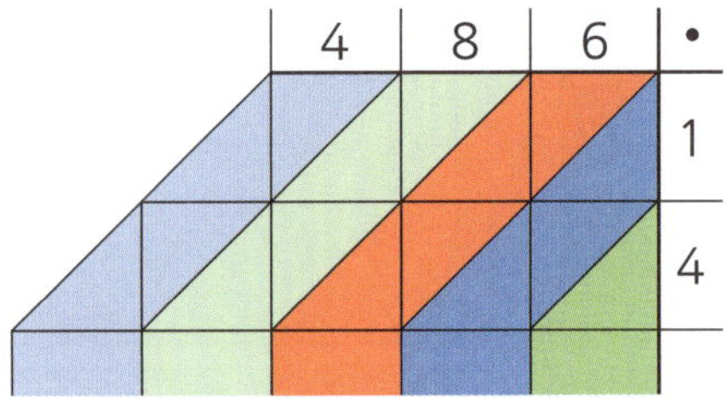

486 · 14

b)

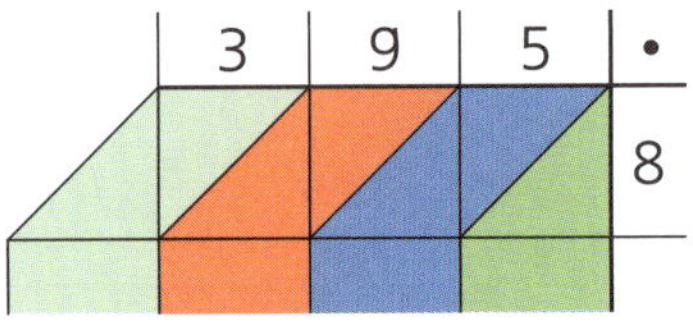

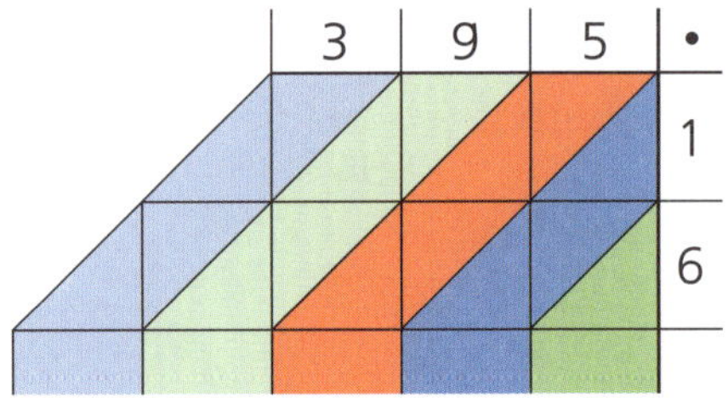

c)

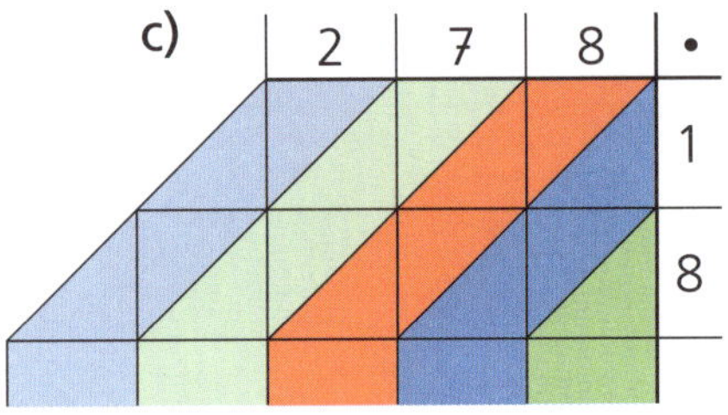

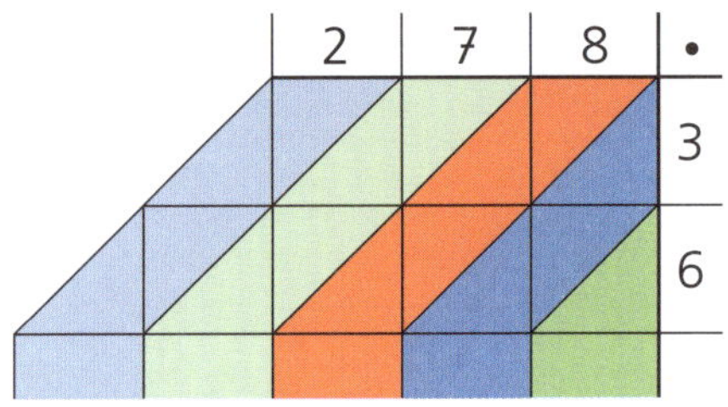

d)

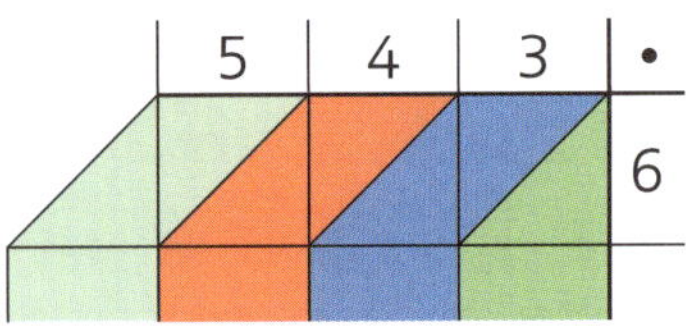

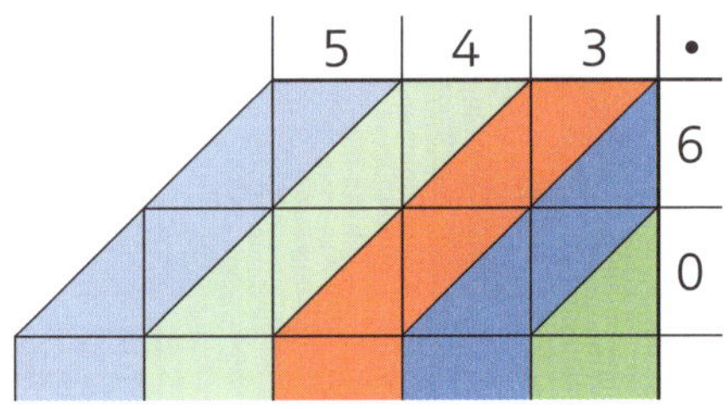

2 Rechne schriftlich.

a) 803 · 49 803 · 94

b) 386 · 67 386 · 76

3 2184 · 11 2001 · 12 1848 · 13 1716 · 14

XXXIV

Schriftliche Multiplikation mit und ohne Malstreifen im Vergleich.

zu Schülerbuchseite 62

1 Rechne schriftlich.

271 · 205   271 · 246   271 · 287   271 · 328

2 Rechne immer zwei Aufgaben. Vergleiche die Ergebnisse.

a) 384 · 9
  3840
− 384

b) 384 · 99
  38400
− 384

c) 384 · 999
  384000
− 384

d) 384 · 101
  38400
+ 384

e) Überlege: Welche Additionsaufgaben passen zu 384 · 1 001 und 384 · 11?

3

a) Wie oft schlägt dein Herz in einer Minute? Fühle deinen Puls.

....

b) Berechne, wie oft dein Herz in einer Stunde schlägt.

....

c) Berechne, wie oft dein Herz an einem Tag schlägt.

....

4

Ein Fernsehsender stellt verschiedene Sendungen her.

Die Herstellung der einzelnen Sendungen kostet unterschiedlich viel Geld.

Sendung	Kosten für 1 Sendeminute	Dauer der Sendung	Kosten für die Sendung
Nachrichten	3 487 Euro	15 min	
Sport	4 654 Euro	30 min	
Unterhaltung	6 323 Euro	45 min	
Wetter	1 136 Euro	3 min	

Übungen

1 a) Bilde aus den Ziffern 1 2 3 4 5 6 7 8 9 zwei zweistellige Zahlen und multipliziere sie. Versuche immer möglichst nahe an 1 000 heranzukommen.

21 · 43 | 21 · 47 | 39 · 26 | 39 · 25 | 84 · 12

23 · 47 | 21 · 48

Rechne weitere Aufgaben im Heft. Kannst du 1 000 noch näher kommen?

b) Bilde eine dreistellige und eine einstellige Zahl und multipliziere.

513 · 2 | 198 · 5 | 142 · 7 | 172 · 6 | 498 · 2

Kannst du 1 001 und 1 000 erreichen?
Versuche auch möglichst nahe an 2 000, 3 000, 4 000 … heranzukommen.

2

543 · 82 | 1086 · 41 | 362 · 123 | 181 · 246

Was fällt dir auf? Kannst du es begründen?

3 Welche Ergebnisse müssen falsch sein? Welche können richtig sein? Überprüfe mit einem Überschlag.

a) 510 · 32 = 12 300 f Ü: 500 · 30 = 15 000
350 · 49 = 22 850 Ü: ……
297 · 12 = 2 964 Ü: ……

b) 3 950 · 41 = 130 950 Ü: ……
809 · 19 = 20 071 Ü: ……
1 125 · 99 = 102 575 Ü: ……

4 a) Start 25 $\xrightarrow{\cdot 2}$ …… $\xrightarrow{\cdot 5}$ …… $\xrightarrow{\cdot 10}$ …… $\xrightarrow{\cdot 2}$ …… $\xrightarrow{\cdot 5}$ …… $\xrightarrow{\cdot 10}$ Ziel ……

b) Start 25 $\xrightarrow{\cdot 1}$ …… $\xrightarrow{\cdot 2}$ …… $\xrightarrow{\cdot 4}$ …… $\xrightarrow{\cdot 6}$ …… $\xrightarrow{\cdot 8}$ …… $\xrightarrow{\cdot 10}$ Ziel ……

1

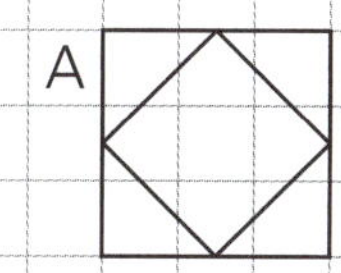

a) Vergrößere die Figur A im Maßstab 3 : 1.

b) Verkleinere die Figur A im Maßstab 1 : 3.

2

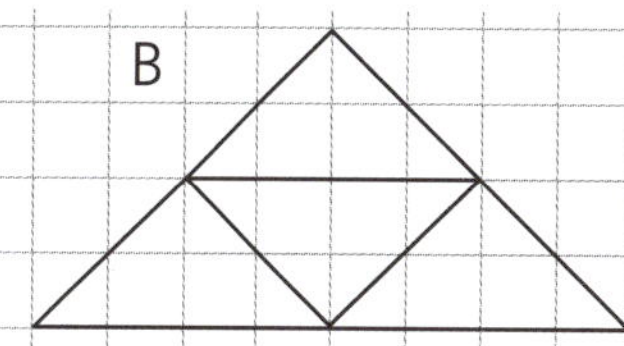

a) Vergrößere die Figur B im Maßstab 2 : 1.

b) Verkleinere die Figur B im Maßstab 1 : 2.

3 Die Entwicklung eines Wasserfrosches.

a) Wie groß ist der Frosch in den einzelnen Entwicklungsstadien in Wirklichkeit?
Maßstab 2 : 1

Laichklumpen

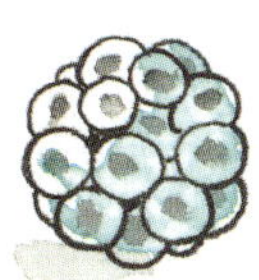

gemessen: ....
in Wirklichkeit: ....

Larve direkt nach dem Schlüpfen

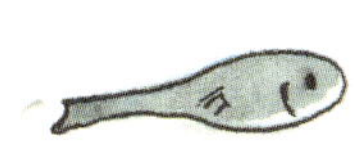

gemessen: ....
in Wirklichkeit: ....

Kaulquappe

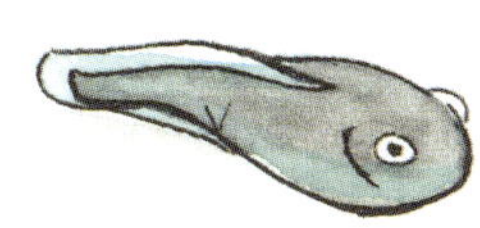

gemessen: ....
in Wirklichkeit: ....

Ausgewachsene Kaulquappe mit Hinterbeinen

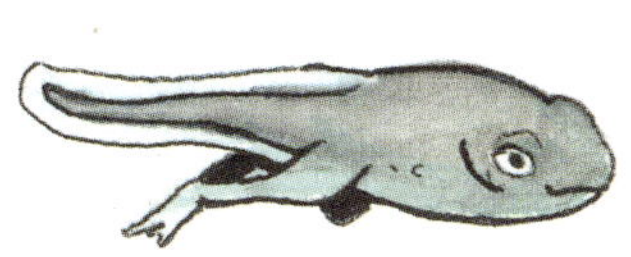

gemessen: .... in Wirklichkeit: ....

b) Der erwachsene Frosch wird etwa 8 cm groß. Wie groß müsste man ihn im Maßstab 2 : 1 zeichnen?

....

1, 2 Vergrößern und verkleinern auf Karopapier.
3 Aus den Maßen in den Bildern die realen Längen berechnen.

..... Verkleinern

1 Zeichne ein Schaubild für die durchschnittliche Körpergröße von Mädchen und Jungen.

Alter in Jahren	Geburt	2	4	6	8	10	12	14	16	Erwachsen
Körpergröße Mädchen in cm	51	88	103	117	130	142	154	164	166	168
Körpergröße Jungen in cm	52	89	105	118	131	141	152	166	176	181

Zeichne für 1 cm Körpergröße 1 mm im Schaubild, Maßstab 1 : ....

Zeichne die Säulen für die Mädchen rot, für die Jungen blau.

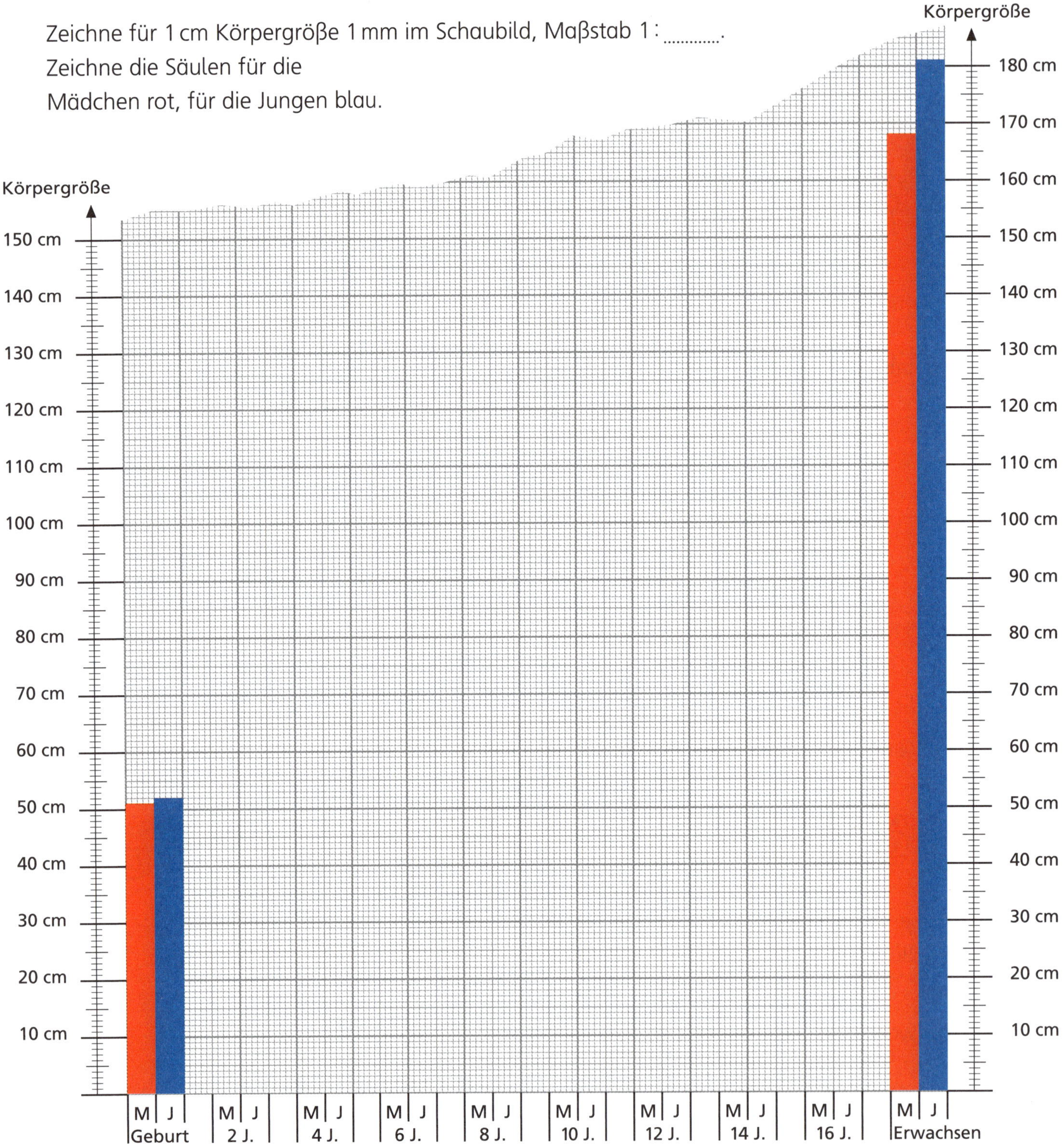

In welchem Alter sind Mädchen durchschnittlich größer als Jungen?

....

XXXVIII

Schaubild für Körpergrößen erstellen und interpretieren.

zu Schülerbuchseite 68

1 Zeichne regelmäßige Vielecke. Miss die Seitenlängen.
Wie lang ist bei jedem Vieleck die Summe der Seitenlängen (Umfang)?

Dreieck

60 : 3 = 20

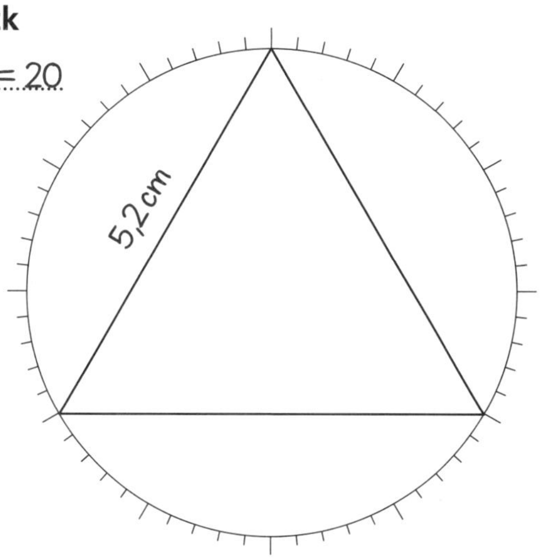

Umfang: 3 · 5,2 cm = ... cm

Viereck

....

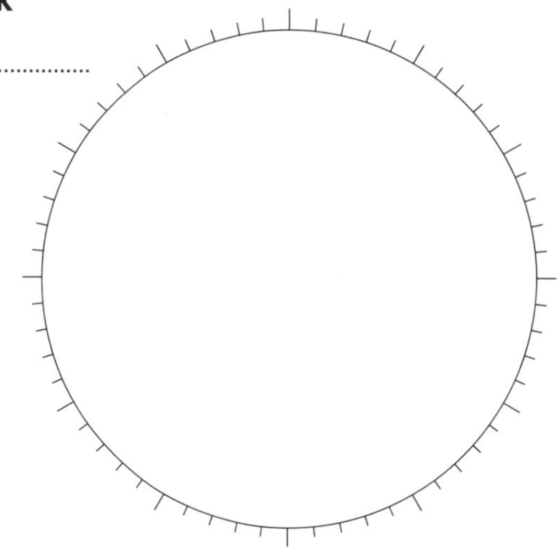

Umfang: 4 · .... cm = ... cm

Fünfeck

....

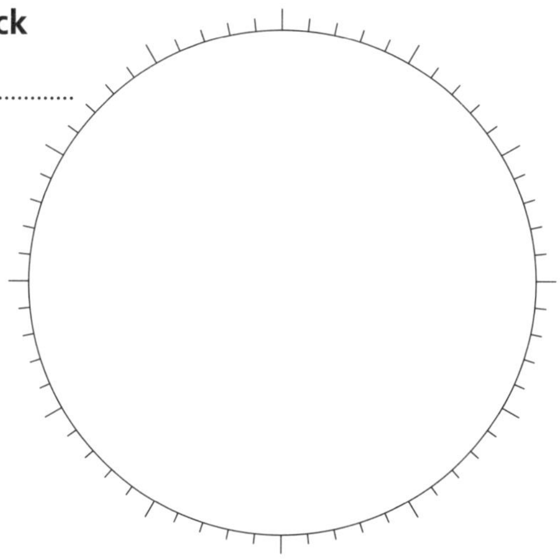

Umfang: 5 · .... cm = ... cm

Sechseck

....

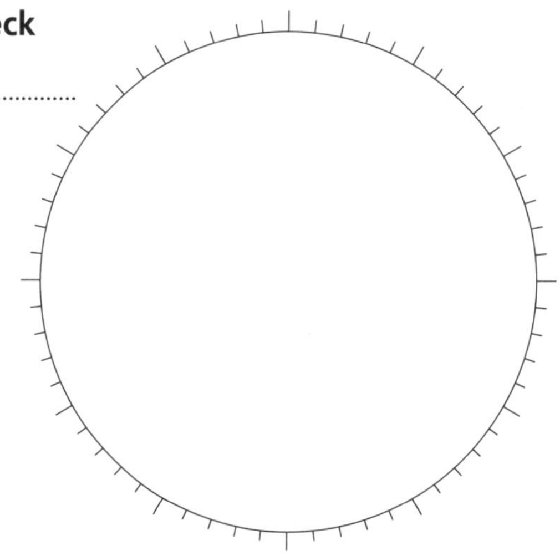

Umfang: 6 · .... cm = ... cm

Achteck

....

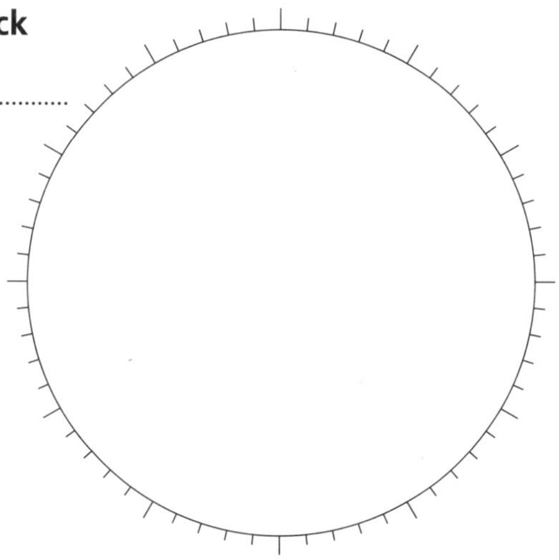

Umfang: 8 · .... cm = ... cm

Zehneck

....

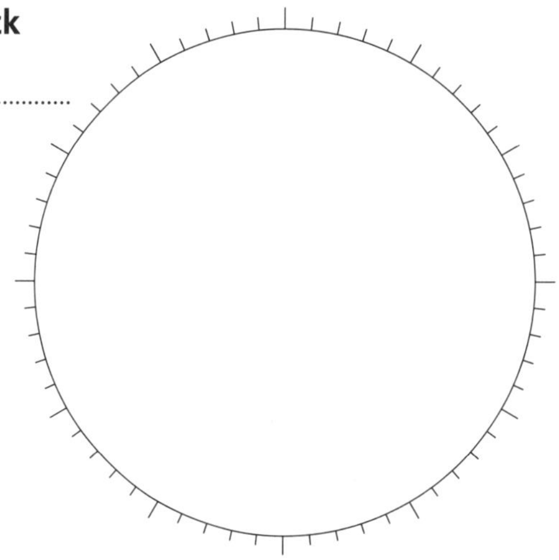

Umfang: 10 · .... cm = ... cm

Vielecke zunächst zeichnen, dann Seiten ausmessen und Umfänge berechnen.

XXXIX

Überlegen und probieren

1 Welches Bild gehört zu welcher Kamera?

a)

b)

2 Oma bewundert Lisas neues T-Shirt. „Das ist toll, es hat sicher 30 Euro gekostet!“ „Nein, Oma, es war billiger. Wenn es noch einmal so viel und noch den halben Preis dazu gekostet hätte, dann wären es 30 Euro gewesen.“ Wie teuer war das T-Shirt?

....

3 In der Kasse sind zwei 100-Euro-Scheine, vier 50-Euro-Scheine, fünf 20-Euro-Scheine und vier 10-Euro-Scheine.
Verteile die Scheine an 3 Personen so, dass jede Person den gleichen Euro-Betrag und gleich viele Scheine erhält. Lege und überlege.

....

....

4 Die Geschwister Ole, Sina und Kati sind zusammen 25 Jahre alt.
Ole ist 2 Jahre jünger als Sina, Kati ist 3 Jahre älter als Sina.

....

....

5 Auf einer Weide sind Kühe, Pferde und Schafe.
Ohne Kühe sind es 12 Tiere, ohne Pferde 22 Tiere und ohne Schafe 26 Tiere.

....

XL

1 Ansichten verschiedenen Perspektiven zuordnen.
2–5 Sachaufgaben durch überlegtes und wiederholendes Ausprobieren lösen.

1

Bei der Klassenfahrt kostet eine Übernachtung mit Vollpension für Kinder 19,80 Euro und für Erwachsene 24,90 Euro.

Wie viel Euro kostet ein Tag
a) für 2, 3, 4, …, 10, 20 Kinder?
b) für 2, 3, 4, 5 Erwachsene?

Schreibe in die Tabellen.

a) Anzahl Kinder	1	2	3	4	5	6	7	8	9	10	20
Preis in Euro	19,80										

b) Anzahl Erwachsene	1	2	3	4	5
Preis in Euro	24,90				

c) Wie viel Euro würde 1 Tag für deine Klasse mit 2 erwachsenen Begleitpersonen kosten? ……………

d) Wie viel Euro würden 3 Tage für euch kosten? ……………

2 Überschlage zuerst, rechne dann genau.

a) 3,89 € · 9 = ……………
Ü: 4 € · 9 = ……………
3,89 € = …………… ct
3 8 9 · 9

b) 39,89 € · 9 = ……………
Ü: ……………
39,89 € = …………… ct
3 9 8 9 · 9

c) 390,89 € · 9 = ……………
Ü: ……………
390,89 € = …………… ct
3 9 0 8 9 · 9

d) 65,87 € · 2 = ……………
Ü: ……………
65,87 € = …………… ct

e) 65,87 € · 4 = ……………
Ü: ……………
65,87 € = …………… ct

f) 65,87 € · 6 = ……………
Ü: ……………
65,87 € = …………… ct

3 Monika telefoniert mit ihrer Telefonkarte.
Am Anfang des Gesprächs war das Guthaben 9,40 €, am Ende des Gesprächs 6,18 €. ?

……………

……………

...... Rechnen mit Kommazahlen

1 Jedes Jahr nach den Eisheiligen (Mitte Mai) bepflanzen viele Leute ihre Balkonkästen mit Blumen. Die Pflanzen kommen aus einem beheizten Gewächshaus.
An einem Stand des Wochenmarktes verkauft eine Gärtnerin Hängefuchsien zu 1,20 Euro und Hängegeranien zu 1,80 Euro.

a) Schreibe für beide Topfpflanzen eine Preisliste.

Fuchsien

Anzahl	Preis
1	1,20
2	2,40
3	
4	
5	
6	
7	
8	
9	
10	

Geranien

Anzahl	Preis
1	1,80
2	
3	
4	
5	
6	
7	
8	
9	
10	

b) Constanze kauft 4 Fuchsien.
Wie viel Euro muss sie bezahlen?

....

c) Sina möchte 3 Fuchsien und 4 Geranien kaufen. Reichen 10 Euro?

....

....

d) Oleg kauft 12 Fuchsien und 15 Geranien.
Er bezahlt mit einem 50-Euro-Schein.
Wie viel Euro bekommt er zurück?

....

e) Christina muss für ihre Topfpflanzen 18 Euro bezahlen. Welche Pflanzen kann sie gekauft haben?

....

2 Prüfe die Rechnung: Was stimmt hier nicht?

Gartencenter Hede

Stückzahl	Artikel	Einzelpreis	Gesamtpreis
15	Heide	1,30 €	20,50 €
1	Dünger	3,80 €	3,80 €
		TOTAL	24,30 €

....

....

....

3 Ein Kunde bringt einen Bierkasten (Pfand 3,10 Euro) und einen Wasserkasten (Pfand 3,30 Euro) als Leergut zurück.
Er kauft 1 Kasten Pils für 9,69 Euro und 2 Kästen Mineralwasser für je 3,59 Euro (Preise ohne Pfand).
Wie viel Euro muss der Kunde bezahlen?

....

....

1 Überlege mit Hilfe der Stellentafel die richtige Kommaschreibweise.

	10 kg	1 kg	100 g	10 g	1 g	
1 kg 17 g		1	0	1	7	1,017 kg
1 kg 100 g						.... kg
1 kg 315 g						.... kg
15 kg 90 g						.... kg
750 g						.... kg

2

Vergleiche.

....

....

3 In vielen Lebensmitteln ist Fett enthalten. Butter besteht fast nur aus Fett. Die kleine Frühstückspackung Butter wiegt 10 g.

Wie viele kleine Butterpackungen enthalten die Lebensmittel etwa?

	Menge	Fettgehalt	Butterstückchen
Bratwurst	250 g	82 g	etwa 8
Hähnchen	250 g	15 g	1 bis 2
Schweinekotelett	250 g	76 g	
Majonäse	250 g	132 g	
Möhren	250 g	1 g	
Pommes frites	250 g	108 g	
Reis (poliert)	250 g	0 g	
Schokolade	250 g	75 g	
Chips	250 g	88 g	
Walnüsse	250 g	160 g	
Apfel	250 g	2 g	
Vollfettkäse	250 g	75 g	
Magerquark	250 g	5 g	
Vanille-Eiskrem	250 g	30 g	

4 Berechne den Fettgehalt der Mahlzeiten.

a) 2 Bratwürstchen (je 125 g) .... g
125 g Pommes frites .... g
50 g Schokolade .... g
125 g Chips .... g
.... g

b) 250 g Hähnchen .... g
125 g Reis .... g
125 g Magerquark .... g
1 Apfel (125 g) .... g
.... g

c) Stelle selbst eine fettarme und eine fettreiche Mahlzeit zusammen.

Einzelpreis – Gesamtpreis

1 Überschlage zuerst. Rechne dann genau.

Schreibwaren Heinlein

Anzahl	Artikel	Einzelpreis	Gesamtpreis	Ü:
5	*Hefte*	*0,49 €*		2,50
2	*Pinsel*	*0,59 €*		1,00
3	*Blöcke*	*1,24 €*		4,00
4	*Große Hefte*	*0,75 €*		3,00
5	*Bleistifte*	*0,65 €*		3,00
Verkäufer	00 0561-04	TOTAL	€	....

Elektro Meier

Anzahl	Artikel	Einzelpreis	Gesamtpreis	Ü:
4	Steckdosen	1,95 €		....
2	Dreifachstecker	3,85 €		....
3	3 m-Kabel	4,98 €		....
4	Glühlampen	0,95 €		....
1	Sicherung	17,– €		....
Verkäufer	02 347-92	TOTAL	€	....

Gartencenter Alte Mühle

Anzahl	Artikel	Einzelpreis	Gesamtpreis	Ü:
3	*Blumenerde*	*2,45 €*		....
5	*Töpfe*	*1,98 €*		....
2	*Töpfe Petersilie*	*0,77 €*		....
3	*Balkontomaten*	*1,90 €*		....
1	*Erdbeerpflanze*	*1,10 €*		....
Verkäufer	00 1807-92	TOTAL	€	....

Malermeister Schäfer

Anzahl	Artikel	Einzelpreis	Gesamtpreis	Ü:
3	Dosen Lack	12,20 €		....
4	Klebe-Rollen	1,64 €		....
2	Klarlack	6,50 €		....
6	Schleifpapier	0,46 €		....
3	Pinsel	0,95 €		....
Verkäufer	01 3655-99	TOTAL	€	....

2

Prima Ware!

Fleischwurst

1 kg	8,00 Euro
100 g	–,80 Euro

Prima Preise!

Salami

1 kg	14,00 Euro
100 g	1,40 Euro

a) Berechne die Preise für Fleischwurst.

	1 kg	8,00 €
:2	500 g	
....	250 g	
....	125 g	

	100 g	0,80 €
:2	50 g	
....	25 g	

100 g	0,80 €
+ 50 g	....
150 g	....

500 g	....
+ 25 g	....
525 g	....

250 g	....
+ 25 g	....
275 g	....

500 g	....
− 25 g	....
475 g	....

b) Berechne die Preise für Salami.

	1 kg	14,00 €
:2	500 g	
....	250 g	
....	125 g	

	100 g	1,40 €
:2	50 g	
....	25 g	

100 g	1,40 €
+ 50 g	....
150 g	....

500 g	....
+ 25 g	....
525 g	....

250 g	....
+ 25 g	....
275 g	....

500 g	....
− 25 g	....
475 g	....

XLIV

1 Von der Einheit auf die Vielheit schließen.
2 Preise für verschiedene Gewichtsmengen berechnen.

1 Rechne. Mache die Probe.

9872 : 8 =

P:

4936 : 4 =

P:

2468 : 2 =

P:

2 Überschlage. Rechne. Mache die Probe.

Ü: 40000 : 5 = 8000

38885 : 5 =

P:

Ü:

3885 : 5 =

P:

Ü:

13885 : 5 =

P:

3 Vergleiche die Rechnungen und die Ergebnisse.

2736 : 3 =

2736 : 6 =

5472 : 6 =

1488 : 4 =

1488 : 8 =

2976 : 8 =

Aufgaben rechnen und vergleichen.

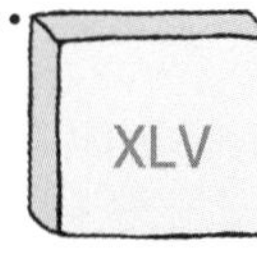

Schriftliche Division

1 Überschlage. Rechne. Mache die Probe.

Ü: 6000 : 3 = 2000 | Ü: .... | Ü: ....

7 0 2 0 : 3 =

P:

1 2 0 6 9 : 3 =

P:

1 0 2 0 6 : 3 =

P:

2

a) 21 210 : 3 = ...
42 420 : 6 = ...
63 630 : 9 = ...

b) 24 680 : 2 = ...
49 360 : 4 = ...
98 720 : 8 = ...

c) 19 744 : 2 = ...
19 744 : 4 = ...
19 744 : 8 = ...

d) 74 592 : 3 = ...
74 592 : 6 = ...
74 592 : 7 = ...

3

Start	: 3 →		: 10 →	Ziel
4 800		....		....
2 400		....		....
7 200		....		....
3 600		....		....

Start	: 10 →		: 3 →	Ziel
4 800		....		....
2 400		....		....
7 200		....		....
3 600		....		....

Start	: 30 →	Ziel
4 800		....
2 400		....
7 200		....
3 600		....

Vergleiche die Rechenketten.

4

Berechne ungefähr das durchschnittliche Gewicht für eine Person.

Tragfähigkeit
6 Personen
oder 500 kg

....

5

Tragkraft
2 240 kg

Der Kranführer möchte Paletten heben.
Eine Palette wiegt 550 kg.
Wie viele Paletten darf er auf einmal heben?

....

6 In Wüstengebieten braucht ein Mensch 5 bis 8 l Wasser am Tag. Ein Kamerateam von 4 Personen füllt einen Wassertank mit 240 l.
Für wie viele Tage reicht das Wasser ungefähr?

....

....

XLVI

Vor der Rechnung Ergebnisse mit Überschlag einschränken. Nach der Rechnung Ergebnisse durch Multiplikation (Umkehraufgabe) prüfen.

zu Schülerbuchseite 87

1 6 6 4 2 Bilde aus den Ziffern vierstellige Zahlen und dividiere sie durch 3 und durch 6.

Rechne im Heft.
Beispiel: 2466 : 3 = ……
2466 : 6 = ……

2 1 2 3 4 Bilde aus den Ziffern vierstellige Zahlen und dividiere sie durch 2 und durch 4.

3

a)	b)	c)	d)
248 : 8 = ……	1 578 : 2 = ……	10 080 : 8 = ……	2 997 : 9 = ……
248 : 4 = ……	2 034 : 3 = ……	11 340 : 9 = ……	3 552 : 8 = ……
496 : 4 = ……	2 268 : 4 = ……	5 040 : 8 = ……	3 885 : 7 = ……
496 : 2 = ……	2 280 : 5 = ……	5 670 : 9 = ……	3 996 : 6 = ……
992 : 2 = ……	2 070 : 6 = ……	2 520 : 8 = ……	3 885 : 5 = ……

4 Welche Ergebnisse müssen falsch sein? Welche können richtig sein?
Überprüfe mit einem Überschlag.

a)
4 329 : 9 = 48 f Ü: 4500 : 9 = 500
2 391 : 3 = 297 Ü: ……
4 278 : 6 = 7 013 Ü: ……
7 182 : 9 = 398 Ü: ……
3 024 : 6 = 504 Ü: ……

b)
31 892 : 4 = 8 973 Ü: ……
2 712 : 4 = 678 Ü: ……
5 424 : 8 = 678 Ü: ……
33 048 : 8 = 431 Ü: ……
20 444 : 4 = 5 111 Ü: ……

5 315 364 385 442 462 572 663 731 819 840

Welche Zahlen sind ohne Rest

durch 2 teilbar? ……
durch 3 teilbar? ……
durch 4 teilbar? ……
durch 6 teilbar? ……
durch 9 teilbar? ……

6 1010 1012 1014 1011 1013 1015 5 025 5 027 5 029 5 026 5 028 5 030

Welche Zahlen sind ohne Rest durch 5 teilbar? ……
Welche Zahlen sind ohne Rest durch 2 teilbar? ……

7 Welche Zahlen von 1 bis 100 haben bei Division durch 7 den Rest 1?

8, 15, ……

Division von Größen

1 Überschlage. Rechne. Mache die Probe.

a) 40,76 € : 4 = ...

Ü: 40 € : 4 = ...

4 0 7 6 : 4 =

P:

50,95 € : 5 = ...

Ü: ....

5 0 9 5 : 5 =

P:

30,75 € : 3 = ...

Ü: ....

3 0 7 5 : 3 =

P:

b) 76,40 m : 4 = ...

Ü: ....

7 6 4 0 : 4 =

P:

54,55 m : 5 = ...

Ü: ....

5 4 5 5 : 5 =

P:

5,73 m : 3 = ...

Ü: ....

5 7 3 : 3 =

P:

2 Rechne ebenso im Heft.

a) 49,24 € : 4 = ...
61,55 € : 5 = ...
73,86 € : 6 = ...
86,17 € : 7 = ...
98,48 € : 8 = ...

b) 15,12 € : 4 = ...
15,12 € : 6 = ...
15,12 € : 7 = ...
15,12 € : 8 = ...
15,12 € : 9 = ...

c) 10 m : 4 = ...
10 m : 8 = ...
60 m : 8 = ...
70 m : 4 = ...
70 m : 8 = ...

3 Vergleichen lohnt sich.
Wie viel Euro kostet jeweils ein Stück?

a)

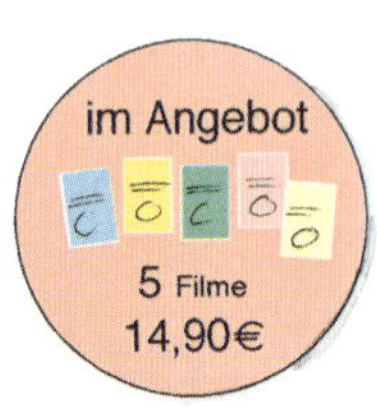

....

b)

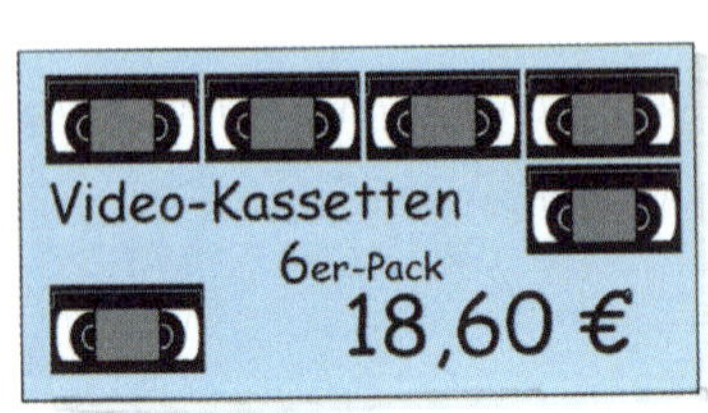

....

XLVIII

1 a) Berechne die 16er-Reihe.

1·16	2·16	3·16	4·16	5·16	6·16	7·16	8·16	9·16	10·16
16				80					160

b) Dividiere mit Hilfe der 16er-Reihe.

T H Z E : T H Z E
7 2 1 6 : 1 6 = 4
6 4
P:

T H Z E : T H Z E
1 9 6 8 : 1 6 =
P:

2 Rechne und vergleiche.

a) Start → Ziel

7 216 —:4→ .... —:4→ ....

7 216 —:2→ .... —:8→ ....

7 216 —:8→ .... —:2→ ....

b) Start → Ziel

1 968 —:4→ .... —:4→ ....

1 968 —:2→ .... —:8→ ....

1 968 —:8→ .... —:2→ ....

3 Rechne und vergleiche.

a) Start → Ziel

7 380 —:10→ .... —:3→ ....

7 380 —:5→ .... —:6→ ....

7 380 —:30→ ....

b) Start → Ziel

12 480 —:10→ .... —:4→ ....

12 480 —:8→ .... —:5→ ....

12 480 —:40→ ....

4 a) Die Kosten einer Klassenfahrt von 2 016 Euro werden auf 28 Kinder verteilt.
Wie viel Euro muss jedes Kind bezahlen?
Benutze die 28er-Reihe.

1·28	2·28	3·28	4·28	5·28	6·28	7·28	8·28	9·28	10·28
28				140					280

T H Z E : T H Z E P:
2 0 1 6 : 2 8 =

....

b) Rechne. Vergleiche mit a):

2 016 —:4→ .... —:7→ ....

2 016 —:7→ .... —:4→ ....

1 – 2 Schriftliche Division mit zweistelligem Divisor mit Hilfe von Reihen und durch wiederholtes Dividieren mit einstelligen Divisoren.

Division durch zweistellige Zahlen

1 Berechne die 17er-Reihe.

1 · 17	2 · 17	3 · 17	4 · 17	5 · 17	6 · 17	7 · 17	8 · 17	9 · 17	10 · 17
17	34			85					170

Dividiere mit Hilfe der 17er-Reihe. Überschlage zuerst. Mache die Probe.

a) Ü: 17000 : 17 =

ZT	T	H	Z	E
1	5	4	3	6

15436 : 17 =

P:

b) Ü: 17000 : 17 =

ZT	T	H	Z	E
2	0	9	7	8

20978 : 17 =

P:

c) Ü:

ZT	T	H	Z	E
3	4	1	3	6

34136 : 17 =

P:

d) Ü:

ZT	T	H	Z	E
5	1	3	5	7

51357 : 17 =

P:

2 Berechne die 21er-Reihe.

1 · 21	2 · 21	3 · 21	4 · 21	5 · 21	6 · 21	7 · 21	8 · 21	9 · 21	10 · 21
21									210

a) Ü: 8000 : 20 =

T	H	Z	E
8	6	1	0

8610 : 21 =

P:

b) Ü:

ZT	T	H	Z	E
2	3	0	3	7

23037 : 21 =

P:

L

1–2 Schriftliche Division mit zweistelligem Divisor mit Hilfe von Reihen und durch wiederholtes Dividieren mit einstelligen Divisoren.

zu Schülerbuchseite 90

1 Zeichne weiter. Benutze Zirkel und Geodreieck. Färbe.

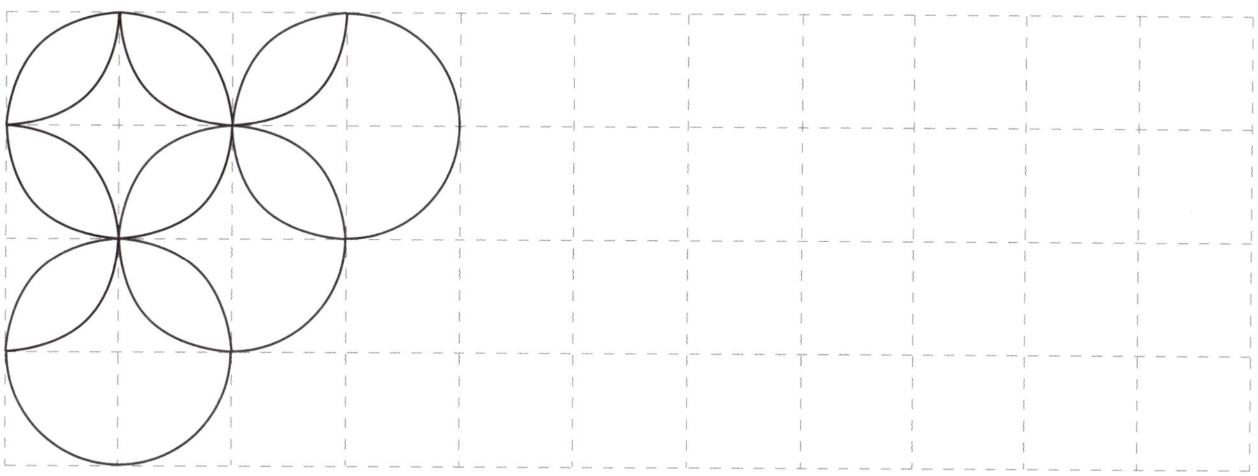

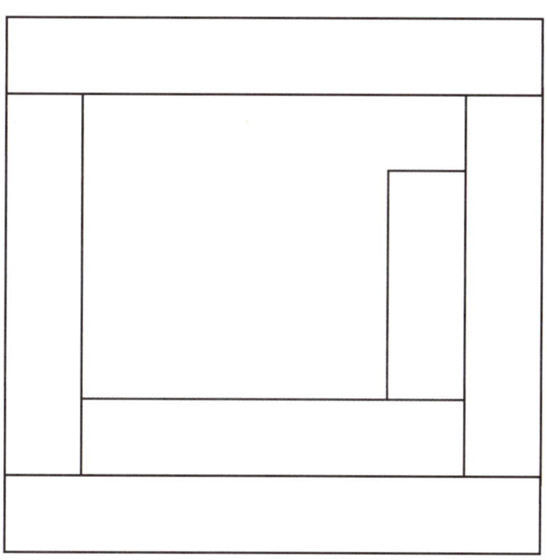

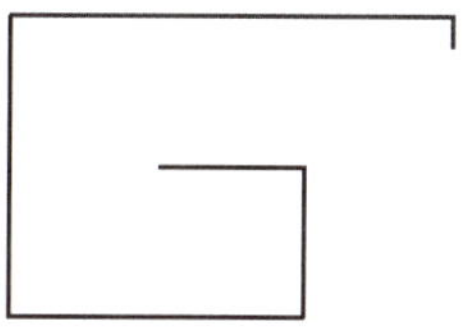

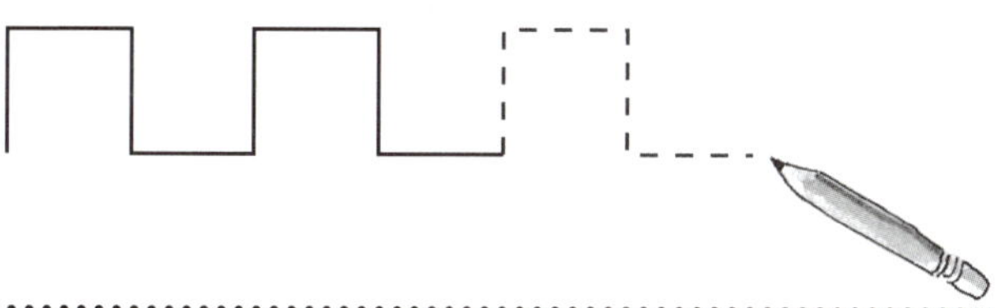

Gebrauch von Zirkel und Geodreieck üben.
Oben: Schnittpunkte von Kreisen als neue Mittelpunkte wählen.
Die Felder so färben, dass schöne Muster entstehen.

LI

Linien und Strecken

1 Verbinde die Punkte so, dass die zugehörigen Zahlen zusammen 10 ergeben.

a)

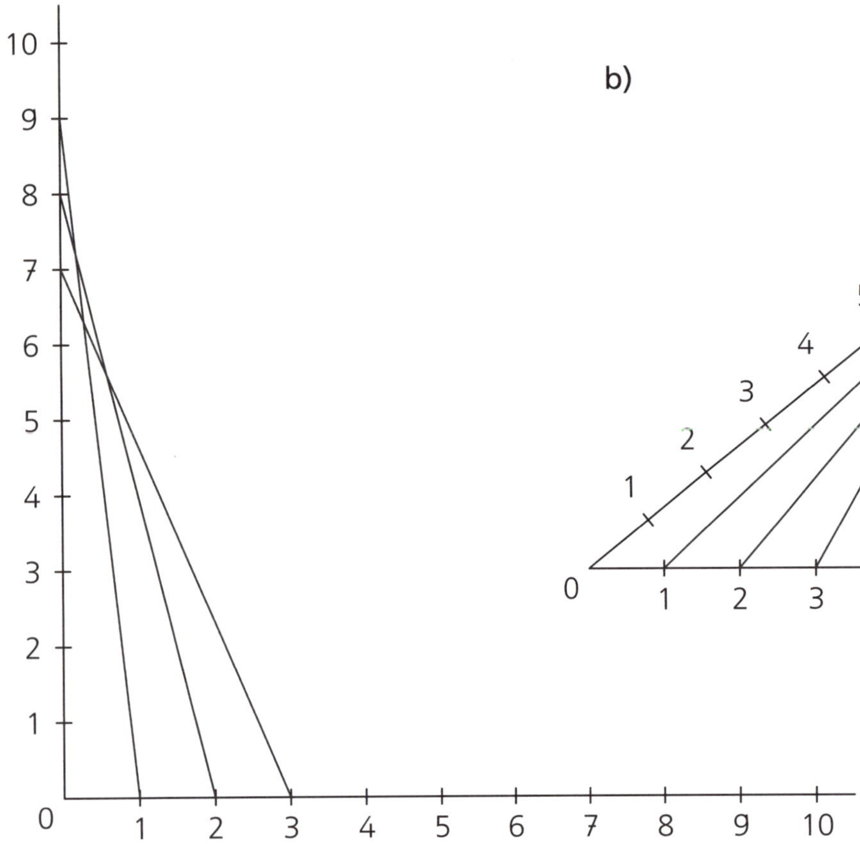

b)

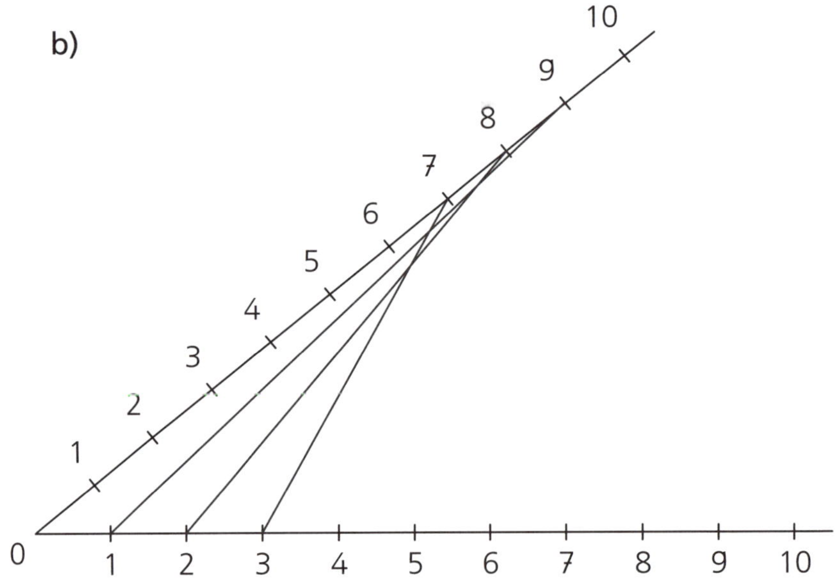

c) Probiere mit eigenen Strecken im Heft.
Probiere auch mit anderen Abständen und anderen Summen.

2 Wie wurde hier verbunden? Setze fort.

a)

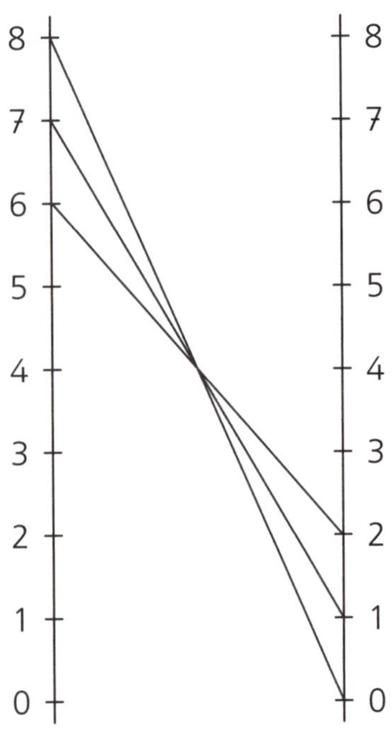

b)

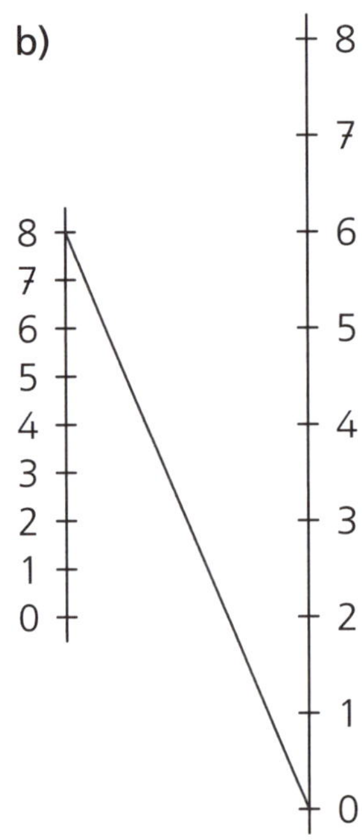

c)

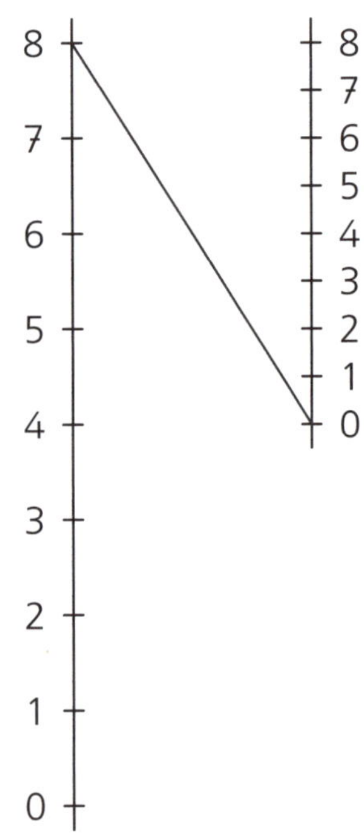

d) Probiere mit eigenen parallelen Strecken.

1 Male die Kirchenfenster drehsymmetrisch aus.

a)

St. Lorenzkirche in Nürnberg

b)

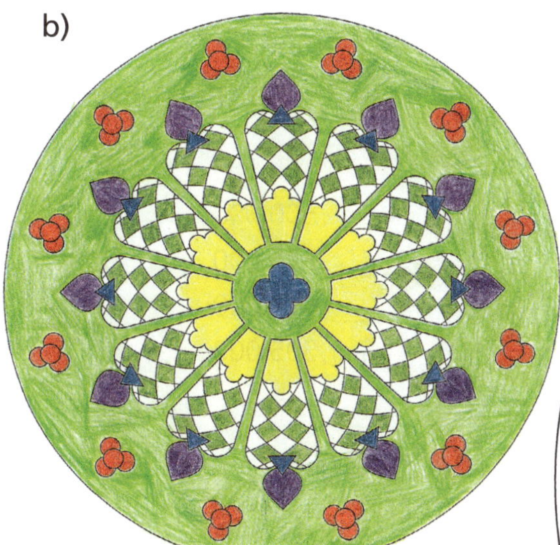

Klosterkirche St. Ottilien bei Augsburg

Gleichungen und Ungleichungen

1 Welche Rechenkette gehört zu welchem Zahlenrätsel?
Wie heißen die gedachten Zahlen?

Start ………… $\xrightarrow{+50}$ ………… $\xrightarrow{:10}$ ………… $\xrightarrow{\cdot 5}$ Ziel 50

Start ………… $\xrightarrow{\cdot 10}$ ………… $\xrightarrow{+50}$ ………… $\xrightarrow{:5}$ Ziel 50

Start ………… $\xrightarrow{:10}$ ………… $\xrightarrow{\cdot 5}$ ………… $\xrightarrow{-50}$ Ziel 50

Start ………… $\xrightarrow{-50}$ ………… $\xrightarrow{:5}$ ………… $\xrightarrow{+10}$ Ziel 50

Ich denke mir eine Zahl,
dividiere sie durch 10, multipliziere mit 5,
subtrahiere 50 und erhalte die Zahl 50.

Ich denke mir eine Zahl,
subtrahiere 50, dividiere durch 5,
addiere 10 und erhalte die Zahl 50.

Ich denke mir eine Zahl,
addiere 50, dividiere durch 10,
multipliziere mit 5 und erhalte die Zahl 50.

Ich denke mir eine Zahl,
multipliziere sie mit 10, addiere 50,
dividiere durch 5 und erhalte die Zahl 50.

2 Rechne und schreibe das Zahlenrätsel auf.

Start ………… $\xrightarrow{\cdot 10}$ ………… $\xrightarrow{-50}$ ………… $\xrightarrow{:5}$ Ziel 50

Ich denke mir eine Zahl,
…………………………………………
…………………………………………
…………………………………………
…………………………………………

3 Welche Zahlen von 0 bis 9 passen?

a) $\square \cdot 50 < 410$

$0 \cdot 50 < 410$

b) $\square \cdot 700 > 2\,400$

c) $350 < \square \cdot 60 < 500$

4 Vergleiche. $<$ oder $=$ oder $>$?

a) $4 \cdot 300 \bigcirc 1\,500$
$5 \cdot 300 \bigcirc 1\,500$
$6 \cdot 300 \bigcirc 1\,500$

b) $3\,000 : 5 \bigcirc 1\,000$
$3\,000 : 4 \bigcirc 1\,000$
$3\,000 : 3 \bigcirc 1\,000$

c) $20 \cdot 500 \bigcirc 10\,000$
$25 \cdot 250 \bigcirc 10\,000$
$50 \cdot 200 \bigcirc 10\,000$

d) $400 \cdot 0 \bigcirc 400$
$400 : 1 \bigcirc 400$
$400 \cdot 1 \bigcirc 400$

LIV

1, 2 Gleichungen mit Umkehroperatoren berechnen.

1

a) 99 · 67 = ……
101 · 67 = ……
6 700 − 67 = ……
6 700 + 67 = ……

b) 98 · 42 = ……
4 200 + 84 = ……
4 200 − 84 = ……
42 · 102 = ……

c) 51 · 64 = ……
3 200 + 64 = ……
3 200 − 64 = ……
64 · 49 = ……

d) 3 600 + 144 = ……
48 · 72 = ……
72 · 52 = ……
3 600 − 144 = ……

Je zwei Ergebnisse in einem Päckchen sind gleich. Begründe.

2 Vergleiche jeweils die Ergebnisse in einem Päckchen.

a) 6 048 : 2 = ……
6 048 : 4 = ……

b) 1 740 : 2 = ……
1 740 : 4 = ……

c) 2 048 : 4 = ……
2 048 : 8 = ……

d) 2 616 : 2 = ……
2 616 : 4 = ……

e) 2 435 · 2 = ……
4 870 : 10 = ……
2 435 : 5 = ……

f) 4 320 · 2 = ……
8 640 : 10 = ……
4 320 : 5 = ……

g) 3 445 · 2 = ……
6 890 : 10 = ……
3 445 : 5 = ……

h) 1 480 · 2 = ……
2 960 : 10 = ……
1 480 : 5 = ……

3

a) 8 · 15 = ……
15 · 9 = ……
10 · 15 = ……
15 · 20 = ……

b) 43 · 5 = ……
43 · 6 = ……
10 · 43 = ……
9 · 43 = ……

c) 16 · 4 = ……
40 · 16 = ……
6 · 14 = ……
60 · 14 = ……

d) 4 · 36 = ……
18 · 8 = ……
72 · 2 = ……
16 · 9 = ……

e) 8 · 44 = ……
4 · 88 = ……
2 · 176 = ……
16 · 22 = ……

4

a) 400 : 8 = ……
392 : 8 = ……
200 : 8 = ……
448 : 8 = ……

b) 357 : 7 = ……
350 : 7 = ……
700 : 7 = ……
686 : 7 = ……

c) 190 : 10 = ……
380 : 5 = ……
190 : 5 = ……
205 : 5 = ……

d) 140 : 4 = ……
280 : 4 = ……
560 : 4 = ……
980 : 4 = ……

e) 258 : 6 = ……
240 : 6 = ……
234 : 6 = ……
228 : 6 = ……

5 Finde weitere Plus-, Minus-, Mal- und Geteiltaufgaben mit gleichem Ergebnis.

a) 30 · 56 = ……
60 · 28 = ……
120 · 14 = ……
……

b) 81 · 36 = ……
27 · 108 = ……
54 · 54 = ……
……

c) 8 160 : 8 = ……
4 080 : 4 = ……
……
……

d) 240 : 40 = ……
480 : 80 = ……
……
……

6 Schriftlich oder nicht? Überlege bei jeder Aufgabe.

a) 80 064 : 8 = ……
864 : 8 = ……
79 992 : 8 = ……
792 : 8 = ……
7 992 : 8 = ……

b) 299 · 6 = ……
350 · 9 = ……
22 005 · 4 = ……
450 · 11 = ……
111 · 11 = ……

c) 1 206 · 4 = ……
398 · 6 = ……
750 · 9 = ……
99 · 19 = ……
59 · 61 = ……

d) 7 749 : 7 = ……
6 993 : 7 = ……
14 021 : 7 = ……
1 470 : 7 = ……
1 001 : 7 = ……

7

a) Ich denke mir eine Zahl, verdopple sie, halbiere und erhalte die Zahl 297.
Die gesuchte Zahl heißt …….

b) Ich denke mir eine Zahl, multipliziere mit 12, dividiere durch 3, dividiere dann durch 4 und erhalte die Zahl 100.
Die gesuchte Zahl heißt …….

Sachaufgaben

1 a) Ein Brötchen kostet 28 Cent. Ergänze die Preistabelle.

Anzahl	1	2	3	4	5	6	7	8	9
Preis	0,28 €								

b) 10 Brötchen gibt es für 2,30 Euro. Vergleiche mit dem Einzelpreis.
Warum macht der Bäcker ein solches Sonderangebot?

....

....

2 Raubtierfütterung im Zoo
Im Zoo gibt es 4 Löwen. Jeder Löwe bekommt am Tag 8 kg Fleisch.
Einmal in der Woche müssen die Löwen fasten.
Wie viel Fleisch bekommen die 4 Löwen in einer Woche?

....

3 Für einen Hund muss jährlich eine Hundesteuer bezahlt werden.
Auf Wunsch kann sie in vier Raten bezahlt werden.

a) Für einen Hund beträgt die Jahressteuer 114,– Euro. Wie hoch ist eine Rate?

....

b) Für zwei Hunde beträgt die Steuer je Hund 138,– Euro. Wie hoch ist jetzt eine Rate?

....

4 Die Tabelle zeigt das Alter von Jungen und Mädchen einer 4. Klasse:

Alter	Anzahl der Mädchen	Anzahl der Jungen
9	7	9
10	4	7
11	1	2

a) Wie viele Kinder sind in der Klasse?

....

Wie viele Mädchen und wie viele Jungen sind es?

....

b) Wie viele Jungen sind 10 Jahre und jünger?

....

c) Wie viele Mädchen sind 10 Jahre und älter?

....

d) Zeichne zu der Tabelle ein Streifendiagramm (1 Kästchen je Schüler).

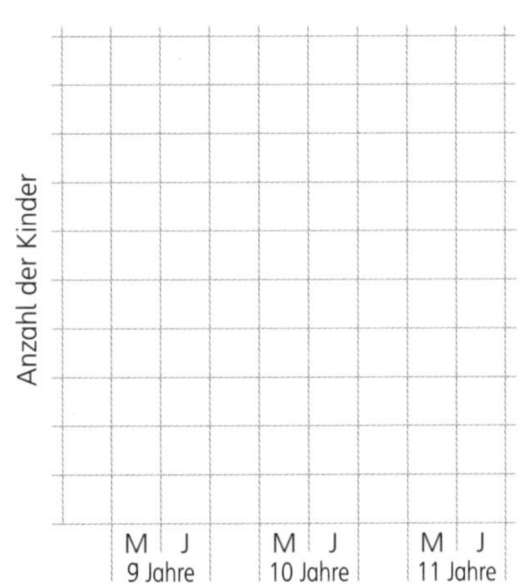

e) Lege im Heft eine Tabelle und ein Diagramm für deine Klasse an.

LVI

Sachaufgaben zur Wiederholung und individuellen Bearbeitung.
Dabei Nutzung aller zur Verfügung stehenden Lösungsstrategien.

5 Familie Yildirim will ihren Schrebergarten mit Maschendraht einzäunen.

Im Baumarkt werden Rollen von 25 m Länge zu 50,– Euro und 10 m Länge zu 25,– Euro angeboten. Welche Rollen soll Familie Yildirim kaufen?

....

....

....

Plan des Gartens:

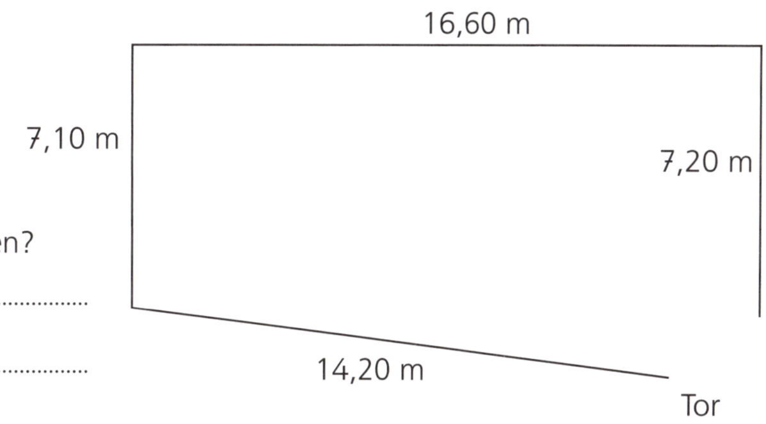

6 Der höchste Berg Deutschlands ist die Zugspitze (2962 m). Die Tabelle gibt an, wie viele Stunden die Sonne in jedem Monat auf der Zugspitze durchschnittlich scheint.

Monat	Jan	Feb	März	April	Mai	Juni	Juli	Aug	Sep	Okt	Nov	Dez
Stunden	116	120	164	163	170	153	167	171	178	176	136	118

a) Ordne die Monate nach der Anzahl der Sonnenstunden.

....

b) Überschlage die Anzahl der Sonnenstunden im Jahr.

....

c) Vergleiche mit der Anzahl der Stunden eines Jahres.

....

7 Das Bild des Hirschkäfers ist im Maßstab 1:3 verkleinert. Wie groß ist der Käfer in Wirklichkeit?

....

8 Ein Schreiner benötigt für einen Auftrag 5 Bretter von 61 cm und 4 Bretter von 72 cm Länge. Er findet im Lager noch drei Bretter der gewünschten Sorte von je 2,10 m Länge. Wie soll er schneiden? Mache einen Plan.

9 Der europäische Fernwanderweg Nr. 1 durchquert Deutschland von Flensburg bis zum Bodensee. Innerhalb Deutschlands ist er etwa 1 800 km lang. Herr Müller möchte in jedem Jahr etwa 10 Tage wandern, an einem Tag wandert er 5–6 Stunden. Wie viele Jahre braucht er für die gesamte Strecke?

....

Quader kippen

1 Kippe und zeichne den Weg.

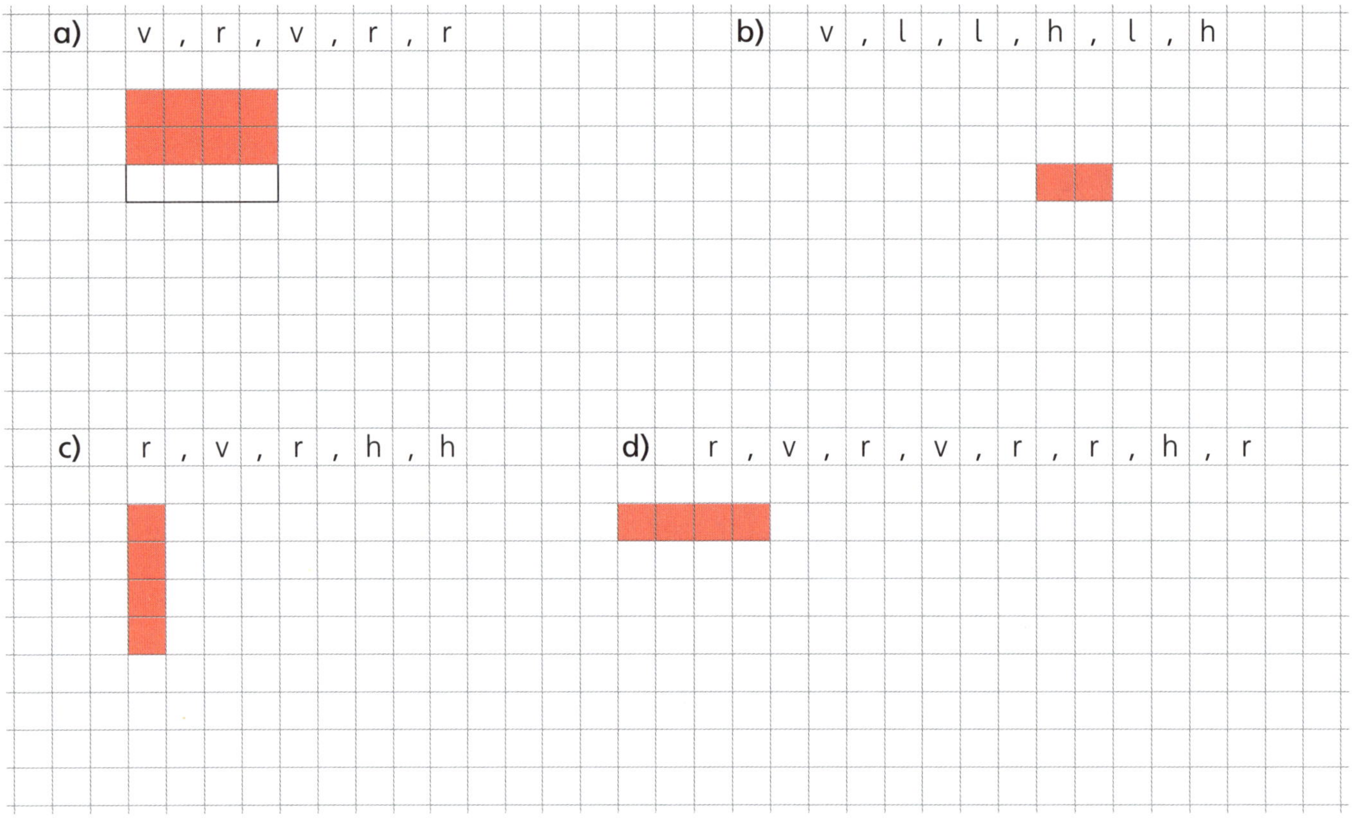

2 Wie kommst du zum Ziel? Beschreibe deinen Weg.

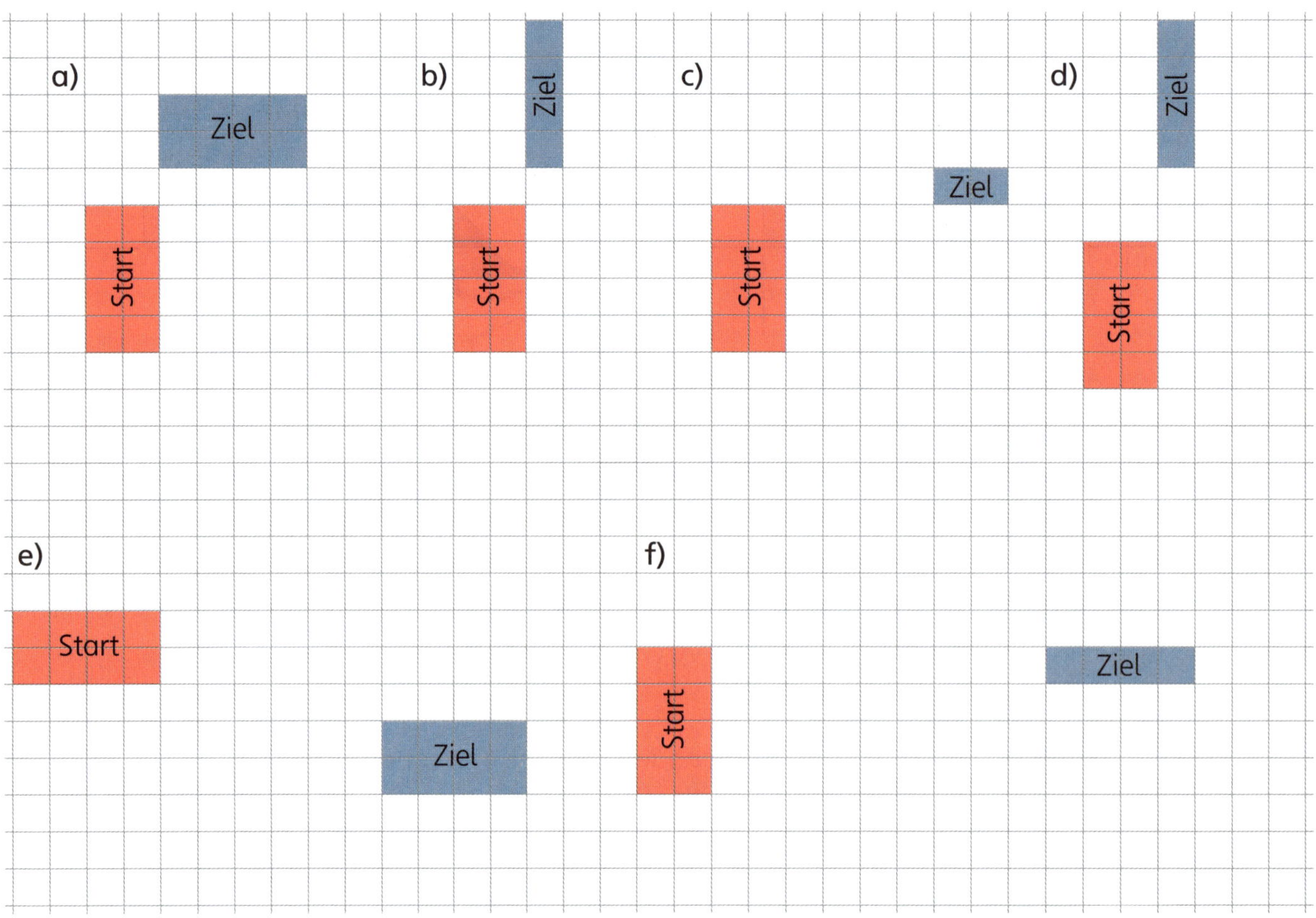

Verschieben, spiegeln, drehen

1 Setze drehsymmetrisch fort. Markiere den Drehpunkt farbig.

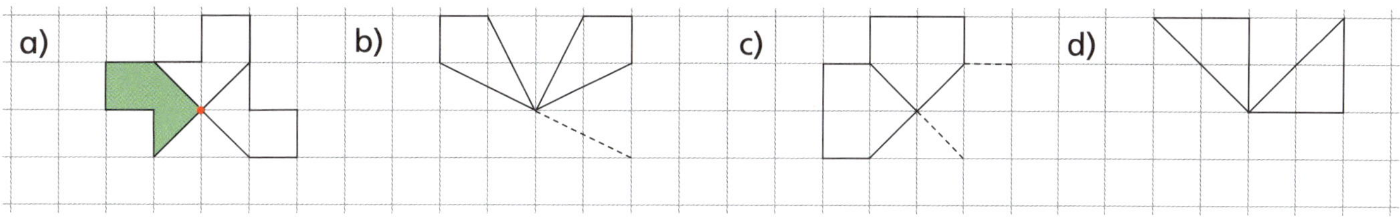

2 Verschiebe.

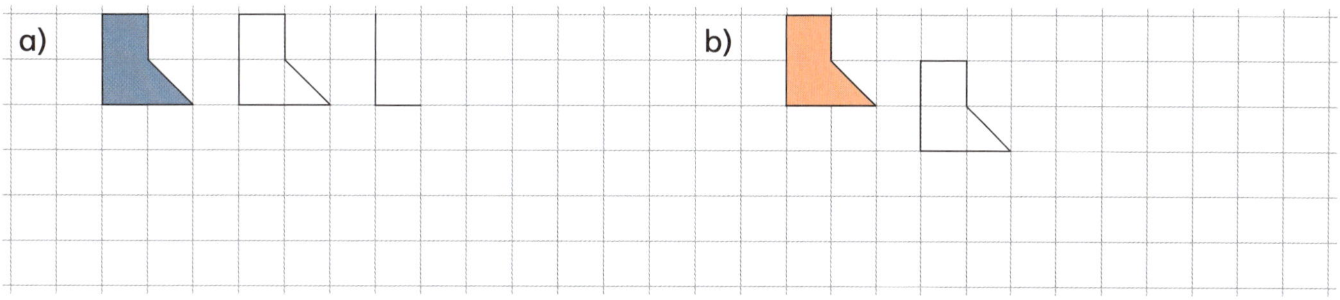

3 Verschieben, spiegeln, drehen. Zeichne die Ornamente.

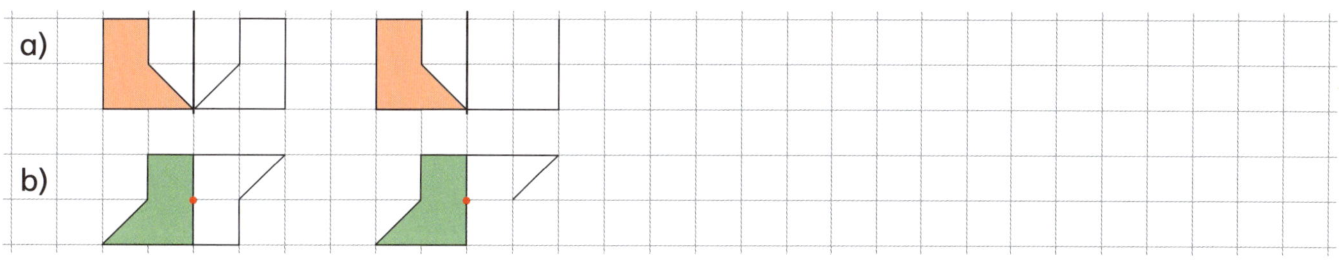

4 Ergänze spiegelsymmetrisch

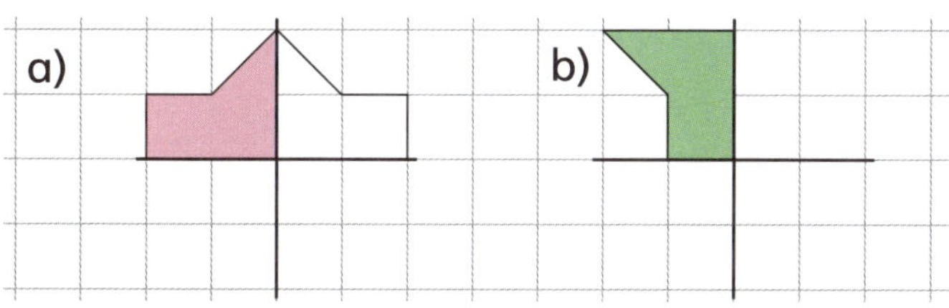

5 Ergänze drehsymmetrisch

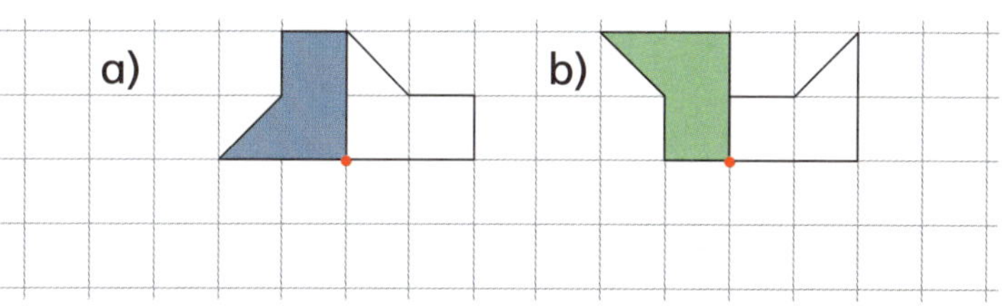

6 Setze die Muster fort und male sie aus.

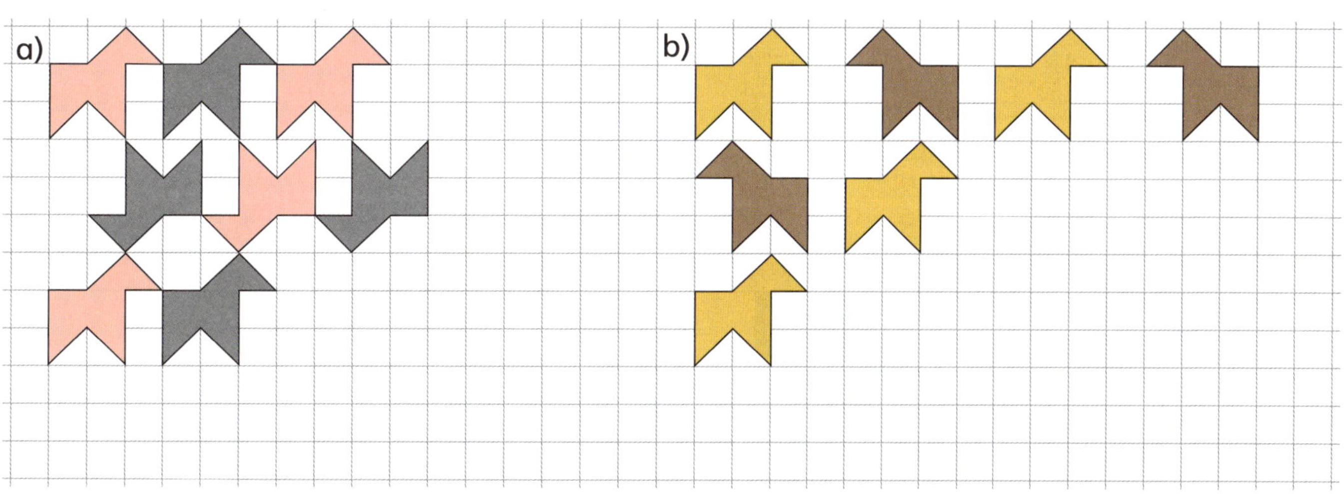

Muster evtl. farbig gestalten.

Grundvorstellungen im Zahlenraum

1 a) Zähle in Hunderterschritten weiter. Beschrifte die Zahlenreihe.

400 | 500 | .... | .... | .... | .... | ....

b) Ordne die Zahlen ein: 496, 555, 725, 989, 1 002.

c) Zähle in Hunderttausenderschritten weiter. Beschrifte die Zahlenreihe.

400 000 | 500 000 | .... | .... | .... | .... | ....

d) Ordne die Zahlen ein: 496 000, 500 055, 725 000, 900 089, 1 002 000.

2 a) Immer 1 000

Immer 1 000	Immer 1 000 000	Immer 100	Immer 100 000
925 + ...	925 000 + ...	25 + ...	25 000 + ...
850 + ...	850 000 + ...	30 + ...	35 000 + ...
720 + ...	720 000 + ...	40 + ...	50 000 + ...
610 + ...	610 000 + ...	75 + ...	75 000 + ...
490 + ...	490 000 + ...	85 + ...	80 000 + ...

(a) Immer 1 000 / Immer 1 000 000; b) Immer 100 / Immer 100 000)

3 Rechne mit Tausendern wie mit Einern.

a)		b)		c)		d)	
158	158 000	537	537 000	804	804 000	950	950 000
+ 88	+ 88 000	+ 252	+ 252 000	− 348	− 348 000	− 296	− 296 000
....	....	....	....	....	....	....	....

4 Auf und ab in der Million.

Start 1 000 —·2→ .... —·5→ .... —·2→ .... —·5→ .... —·2→ Ziel ....

Start 1 000 —·5→ .... —·2→ .... —·5→ .... —·2→ .... —·5→ Ziel ....

Start 1 000 000 —:5→ .... —:5→ .... —:5→ .... —:5→ .... —:5→ Ziel ....

Start 1 000 000 —:2→ .... —:2→ .... —:2→ .... —:2→ .... —:2→ Ziel ....

5 a)

Zahl	62 500	125 000	250 000	500 000
Zahl · 2				

b)

Zahl	800 000	400 000	200 000	100 000
Zahl : 2				

6 Wie viele Fünfer?

10 = ... · 5 100 = ... · 5 1 000 = ... · 5 1 000 000 = ... · 5

LX

Grundwissen am Ende des 4. Schuljahres.
Die Aufgaben sollten selbstständig gelöst werden (Lernstandskontrolle).

7

10 | 10 | 12

100 | 100 | 120

1 000 | 1 000 | 1 200

1 010 | 1 010 | 1 212

8

100 : 5 = ...
1 000 : 5 = ...
10 000 : 5 = ...
100 000 : 5 = ...
1 000 000 : 5 = ...

1 000 000 : 4 = ...
100 000 : 4 = ...
10 000 : 4 = ...
1 000 : 4 = ...
100 : 4 = ...

100 : 8 = 12 R4
1 000 : 8 = ...
10 000 : 8 = ...
100 000 : 8 = ...
1 000 000 : 8 = ...

9

	100	
50		
25		

	100 000	
50 000		
25 000		

70	80	90

7 007	8 008	9 009

10

40 000 · 6 = ...
4 000 · 6 = ...
4 000 · 60 = ...
400 · 6 = ...
400 · 60 = ...
40 · 6 = ...
400 · 600 = ...
40 · 60 = ...
4 · 6 = ...
40 · 600 = ...
4 · 60 = ...
40 · 6 000 = ...
4 · 600 = ...
4 · 6 000 = ...
4 · 60 000 = ...

11

480
6 · 80

4 800

48 000

12

100

1 000

1 000 000
20 · 50 000

Grundwissen am Ende des 4. Schuljahres.
Die Aufgaben sollten selbstständig gelöst werden (Lernstandskontrolle).

LXI

Grundfertigkeiten im Kopfrechnen

1 Lesen und Schreiben von Zahlen

dreiundfünfzigtausendneunhundertzwei ……………

neunhundertzweitausendfünfhundertdreißig ……………

zwei Millionen dreihunderttausendfünfhundertneun ……………

neun Millionen fünfhundertzwanzigtausenddreihundert ……………

2 In Schritten bis …

100, 200, ……, ……, ……, ……, ……, ……, ……, ……

1 000, 2 000, ……, ……, ……, ……, ……, ……, ……, ……

10 000, 20 000, ……, ……, ……, ……, ……, ……, ……, ……

250, 500, ……, ……

2 500, ……, ……, 10 000

25 000, ……, ……, ……

200, 400, ……, ……, ……

2 000, 4 000, ……, ……, ……

20 000, ……, ……, ……, ……

3 Ergänzen

Immer 100	Immer 1 000	Immer 10 000	Immer 100 000	Immer 1 000 000
60 + ……	600 + ……	6 000 + ……	56 000 + ……	560 000 + ……
75 + ……	750 + ……	7 500 + ……	37 500 + ……	375 000 + ……
45 + ……	450 + ……	4 500 + ……	84 500 + ……	845 000 + ……
92 + ……	920 + ……	9 200 + ……	49 200 + ……	492 000 + ……

4 Subtraktion von Stufenzahlen

1 000 − 1 = ……	1 000 − 10 = ……	1 000 − 100 = ……
10 000 − 1 = ……	10 000 − 10 = ……	10 000 − 100 = ……
100 000 − 1 = ……	100 000 − 10 = ……	100 000 − 100 = ……

5 Verdoppeln und halbieren

Zahl	100	110	120	10 000	11 000	12 000	330	660	330 000	460 000
das Doppelte										

Zahl	500	700	900	500 000	700 000	900 000	550	570	550 000	570 000
die Hälfte										

6 Leichte Plus- und Minusaufgaben

Start	+30 →	−3 →	+80 →	−7 → Ziel
44	……	……	……	……
355	……	……	……	……
4 821	……	……	……	……

Kontrolliere: Der Unterschied zwischen Startzahl und Zielzahl muss immer 100 sein. Warum?

LXII

Grundwissen am Ende des 4. Schuljahres.
Die Aufgaben sollten selbstständig gelöst werden (Lernstandskontrolle).

7 Leichte Plus- und Minusaufgaben

Start	+30 000	−3 000	+80 000	−7 000 Ziel
33 000	....	....	....	....
288 000	....	....	....	....
797 000	....	....	....	....

8 Leichte Malaufgaben

4 · 5 = ...	7 · 3 = ...	9 · 8 = ...	6 · 4 = ...
4 · 50 = ...	7 · 300 = ...	9 · 80 = ...	6 · 4 000 = ...
4 · 500 = ...	7 · 30 = ...	9 · 8 000 = ...	6 · 40 = ...
4 · 5 000 = ...	7 · 3 000 = ...	9 · 800 = ...	6 · 400 = ...

8 · 2 = ...	6 · 9 = ...	5 · 7 = ...	8 · 6 = ...
8 · 2 000 = ...	6 · 900 = ...	5 · 70 = ...	8 · 6 000 = ...
8 · 20 = ...	6 · 90 = ...	5 · 7 000 = ...	8 · 600 = ...
8 · 200 = ...	6 · 9 000 = ...	5 · 700 = ...	8 · 60 = ...

9 Einmaleins der Stufenzahlen

1 000 · 10 = ...	1 000 · 100 = ...	10 000 · 100 = ...
100 · 100 = ...	1 000 · 1 000 = ...	10 000 · 10 = ...
10 · 1 000 = ...	100 · 1 000 = ...	100 000 · 10 = ...

10 Leichte Divisionsaufgaben

36 : 4 = ...	40 : 5 = ...	48 : 6 = ...	42 : 7 = ...	56 : 8 = ...
360 : 4 = ...	400 : 5 = ...	4 800 : 6 = ...	420 : 7 = ...	560 : 80 = ...
360 : 40 = ...	400 : 50 = ...	480 : 60 = ...	4 200 : 7 = ...	560 : 8 = ...
3 600 : 4 = ...	4 000 : 5 = ...	480 : 6 = ...	420 : 70 = ...	5 600 : 80 = ...

16 : 2 = ...	27 : 3 = ...	32 : 8 = ...	72 : 9 = ...	25 : 5 = ...
160 : 2 = ...	270 : 3 = ...	3 200 : 8 = ...	720 : 9 = ...	250 : 50 = ...
160 : 20 = ...	270 : 30 = ...	320 : 80 = ...	7 200 : 9 = ...	250 : 5 = ...
1 600 : 2 = ...	2 700 : 3 = ...	320 : 8 = ...	720 : 90 = ...	2 500 : 5 = ...

11 Überschlag

365 · 3 Ü: 1000	748 · 5 Ü:	874 · 7 Ü:	425 · 6 Ü: ....
365 : 3 Ü:	748 : 5 Ü:	874 : 7 Ü:	425 : 6 Ü: ....
365 + 128 Ü:	748 + 569 Ü:	874 + 247 Ü:	425 + 341 Ü: ....
365 − 128 Ü:	748 − 569 Ü:	874 − 247 Ü:	425 − 341 Ü: ....

Grundwissen am Ende des 4. Schuljahres.
Die Aufgaben sollten selbstständig gelöst werden (Lernstandskontrolle).

In jedem der Päckchen **1** bis **7** passt eine Aufgabe nicht.
Wie kannst du die Aufgabe verändern, damit sie passt?
Finde weitere Aufgaben, die zu dem Muster passen.

1

462	958	1 375	2 950	2 446	....	....
+ 539	+ 1 044	+ 1 618	+ 1 054	+ 2 559	+	+
....	....	....	....	....	....	....

2

7 539	13 094	18 649	24 204	29 759	....	....
+ 4 782	+ 10 338	+ 15 994	+ 21 450	+ 27 006	+	+
....	....	....	....	....	....	....

3

1 156	1 621	2 381	35 210	2 103	....	....
− 823	− 1 172	− 1 826	− 34 544	− 1 326	−	−
....	....	....	....	....	....	....

4

86 868	74 747	95 959	54 545	61 616	....	....
− 68 686	− 57 474	− 59 595	− 45 454	− 16 161	−	−
....	....	....	....	....	....	....

5 77 · 13   77 · 39   77 · 52   77 · 64   77 · 91

6 271 · 41   271 · 123   271 · 205   271 · 244

7 1110 : 5 =   1338 : 6 =   1776 : 8 =

LXIV

Grundwissen am Ende des 4. Schuljahres.
Die Aufgaben sollten selbstständig gelöst werden (Lernstandskontrolle).

In jedem der Päckchen **8** bis **12** passt eine Aufgabe nicht.
Verändere sie und finde weitere passende Aufgaben. 

8 $142856 \cdot 7$ $47619 \cdot 21$ $15873 \cdot 63$ $5291 \cdot 189$

9 $571428 : 4 =$

$428571 : 3 =$

$714280 : 5 =$

$857142 : 6 =$

10 $1326 \cdot 5$ $2210 \cdot 3$

$221 \cdot 30$ $663 \cdot 9$ $390 \cdot 17$

11 $733 \cdot 32$ $1466 \cdot 16$ $2932 \cdot 8$ $5864 \cdot 4$ $11726 \cdot 2$

12 $7641 - 1467$ $8532 - 2358$ $6420 - 246$ $7531 - 3157$ $9533 - 3359$

1 a) Miss die Strecken.

$\overline{AB}$ = ... $\overline{DB}$ = ...

$\overline{AK}$ = ... $\overline{DF}$ = ...

$\overline{AD}$ = ... $\overline{DE}$ = ...

$\overline{AH}$ = ... $\overline{FG}$ = ...

$\overline{HK}$ = ... $\overline{HI}$ = ...

Was fällt dir auf?

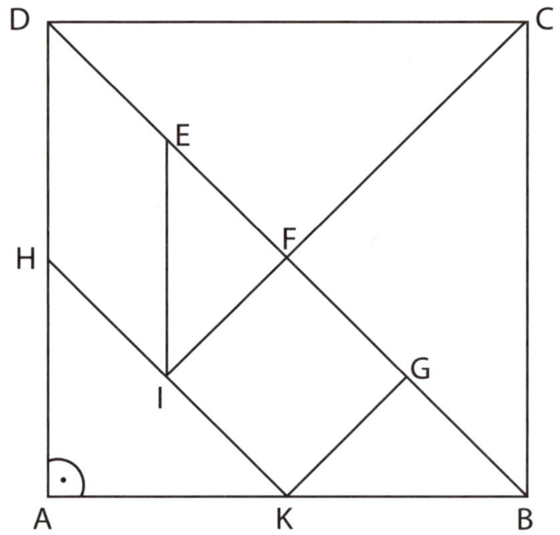

b) Suche rechte Winkel in der Tangramfigur und kennzeichne sie wie den rechten Winkel bei A. Benutze dein Geodreieck.

2 Zeichne ein eigenes Tangramspiel.
Zeichne zuerst ein Quadrat mit der Seitenlänge 12 cm. Finde die weiteren Punkte durch Halbieren.

Grundwissen am Ende des 4. Schuljahres.
Die Aufgaben sollten selbstständig gelöst werden (Lernstandskontrolle).

3 a)

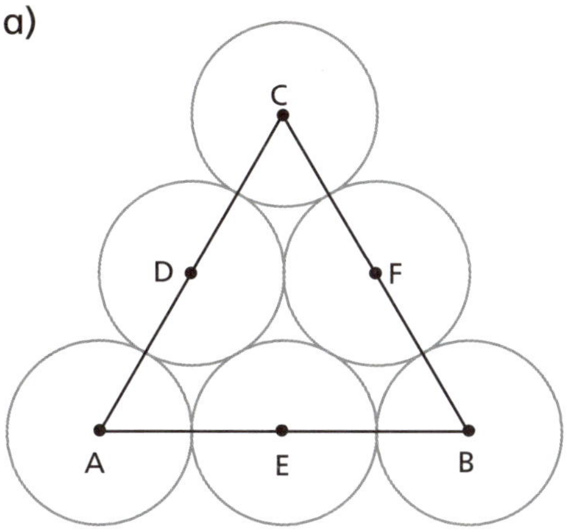

Miss die Länge der Strecken:

$\overline{AB} = \overline{BC} = \overline{AC} =$ ....

$\overline{AD} = \overline{DC} =$ ....

$\overline{DF} = \overline{DE} = \overline{EF} =$ ....

Miss in den Kreisen:

Radius = ...

Was fällt dir auf?

b) Zeichne ebenso 6 Kreise.

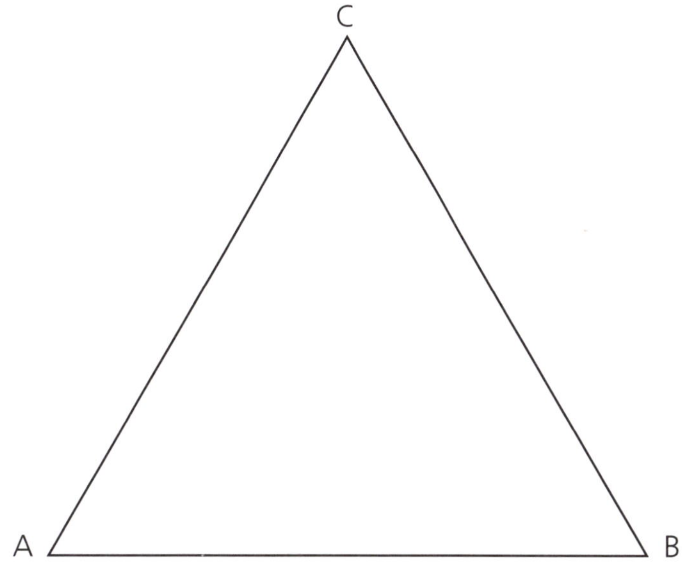

4 a)

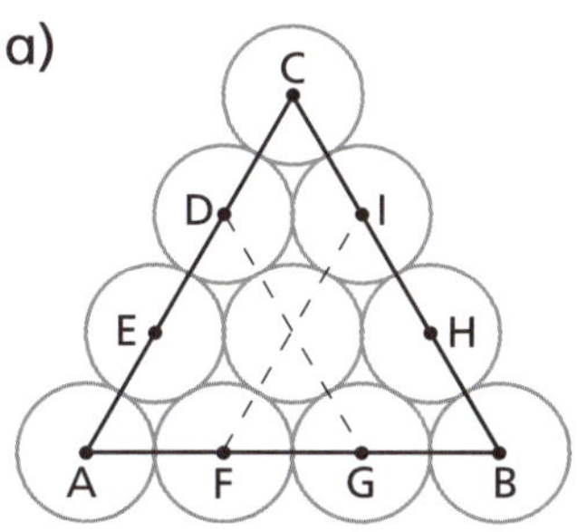

Miss die Länge der Strecken.

$\overline{AB} = \overline{BC} = \overline{AC} =$ ....

$\overline{AE} = \overline{ED} = \overline{DC} =$ ....

$\overline{DG} = \overline{FI} =$ ....

Miss in den Kreisen:

Radius = ...

Was fällt dir auf?

b) Zeichne ebenso 10 Kreise.

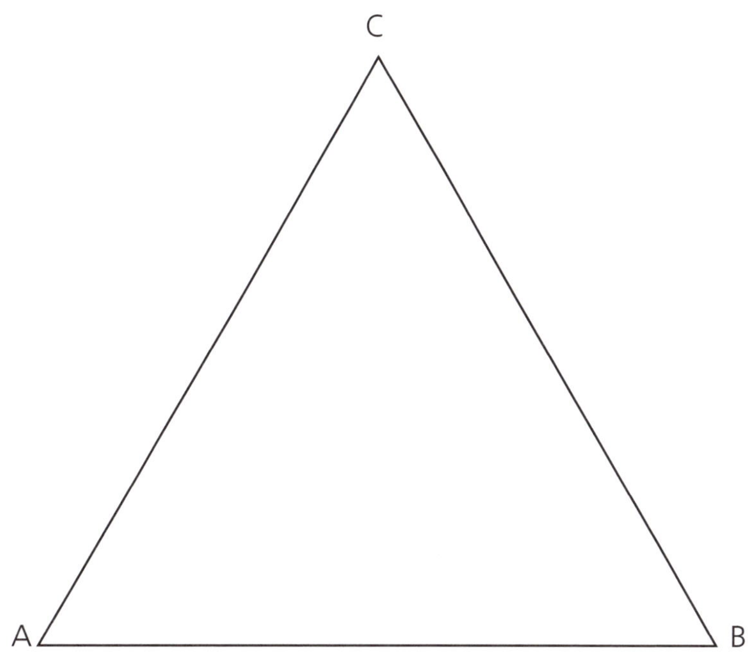

1 Längen

a) Schätze mit Hilfe von anderen Längen.

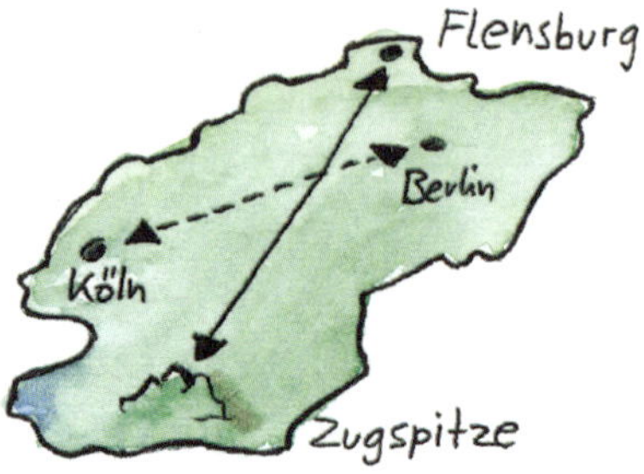

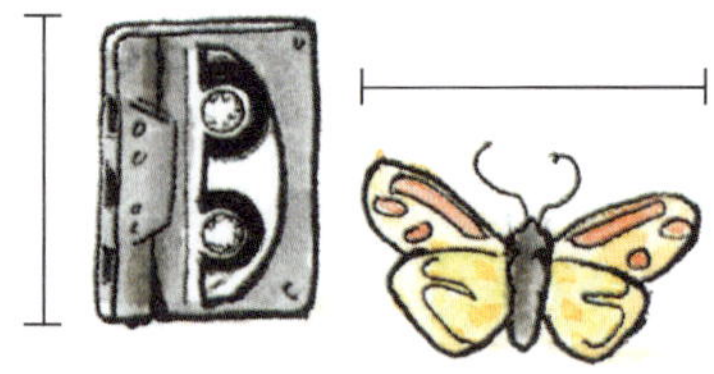

Haushöhe: .... m	Brückenlänge: .... m	Köln – Berlin: etwa .... km	Schmetterling: .... cm
Stockwerk: 3 – 4 m	Auto: 4 – 5 m	Flensburg – Zugspitze: etwa 1 000 km	Tonkassette: 10 cm

b) Im Wettkampf läufst du eine 50-m-Strecke.
Vergleiche mit den olympischen Laufstrecken.

100 m = 2 · 50 m	800 m = ... · 50 m	3 000 m = ... · 50 m	Marathon
200 m = ... · 50 m	1 000 m = ... · 50 m	5 000 m = ... · 50 m	42 198 m sind etwa
400 m = ... · 50 m	2 000 m = ... · 50 m	10 000 m = ... · 50 m	.... · 50 m

2 Gewichte

a)

etwa: 180 g 150 g 200 g 90 g 40 g

Die Verkäuferin möchte von jeder Obstsorte 1 kg abwiegen. Überlege die ungefähre Anzahl.

1 kg Bananen: .... Stück	1 kg Birnen: .... Stück	1 kg Zwetschgen: .... Stück
1 kg Tomaten: .... Stück	1 kg Äpfel: .... Stück	

b) 100 g einer Wurstsorte sind etwa 6 Scheiben.
Wie viel g wiegt eine Scheibe? ....

c) Ein ausgewachsenes Gorillaweibchen wiegt etwa 80 kg.
Ein neugeborenes Gorillababy etwa 2 kg.
Die Mutter ist also 40-mal so schwer. Rechne ebenso.

Lebewesen	Gewicht der Mutter	Geburtsgewicht des Babys	Mutter ist ...-mal so schwer
Blauwal	120 t	2 t	
Zwergfledermaus	5 g	1 g	
Mensch	60 kg	3 000 g	
Elefant	4 t	100 kg	
Känguru	26 kg	1 g (im Beutel)	
Eisbär	300 kg	600 g	

LXVIII

Grundwissen am Ende des 4. Schuljahres.
Die Aufgaben sollten selbstständig gelöst werden (Lernstandskontrolle).

3 Rauminhalte

a)

$\frac{1}{2}$ l = ... ml $\frac{1}{4}$ l = ... ml 100 ml 50 ml 25 ml 10 ml 5 ml

Immer 1 Liter

500 ml · 2	100 ml ·	25 ml ·	5 ml · ....
250 ml ·	50 ml ·	10 ml ·	

b) In einer großen Kanne sind 5 l Kakao.
In eine große Tasse passen $\frac{1}{4}$ l = 250 ml.
Wie viele Tassen lassen sich mit der Kanne füllen? ....

c) Der Arzt verschreibt 500 ml Medizin.
Es sollen 4-mal täglich je 20 ml eingenommen werden. [?]

....

....

d) In einem Kasten sind 12 Limoflaschen.
In jeder Flasche sind 0,7 l = 700 ml.
Wie viel Liter sind in einem Kasten? ....
In ein großes Glas passen 0,2 l = 200 ml.
Wie viele Gläser lassen sich mit einem Kasten füllen? ....

4 Flächen

Fliesen gibt es in unterschiedlichen Größen.
Wie viele Fliesen einer Größe passen jeweils in ein Quadrat von 1 m Seitenlänge?
Überlege und rechne.

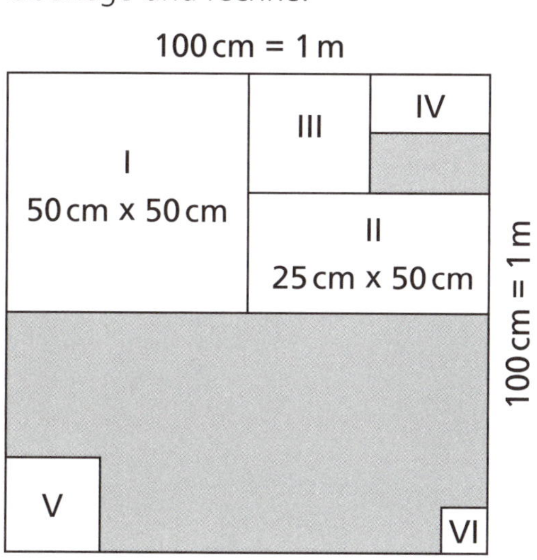

Fliese		Anzahl der Fliesen im Quadrat
Größe I	(50 cm x 50 cm)	4
Größe II	(25 cm x 50 cm)	
Größe III	(25 cm x 25 cm)	
Größe IV	(12,5 cm x 25 cm)	
Größe V	(20 cm x 20 cm)	
Größe VI	(10 cm x 10 cm)	

1 Frau Schaller verkauft an der Kasse eines Museums Eintrittskarten.
Die erste Karte am Morgen hatte die Nummer 597, die letzte am Nachmittag hatte die Nummer 912.
Wie viele Karten hat sie verkauft?

2 Am Anfang des Jahres hatte eine Stadt 40 923 Einwohner.
Im Laufe des Jahres wurden 239 Kinder geboren. Es starben 386 Einwohner.
Außerdem zogen 6 452 Personen neu zu. 5 876 Personen zogen von dort weg.
Wie viele Einwohner lebten am Jahresende in der Stadt?

3 Frau Stechlin kauft ein neues Auto für 16 850 Euro. Für ihr altes Auto gibt ihr der Händler 2 900 Euro.
Wie viel Euro muss Frau Stechlin dem Händler noch zahlen?

Prüfe deine Rechnung durch einen Überschlag

4 Ein Fernsehmonteur fuhr um 14.10 Uhr zu einem Kunden. Die Reparatur dauerte bis 17.40 Uhr.
Pro Arbeitsstunde berechnet er 47 Euro und für die Fahrt 9 Euro. [?]

5 Eine Jugendgruppe mit 8 Mitgliedern unternimmt einen dreitägigen Ausflug. Für Fahrt und Übernachtung entstehen Kosten von 384 Euro. [?]

6 Zum Rockkonzert kamen 10 520 Besucher.
Die Karte kostete 28 Euro.
Wie hoch waren die Einnahmen?

Prüfe deine Rechnung durch einen Überschlag.

7 Eine Terrasse ist 5,60 m lang und 3,60 m breit.
Sie soll mit quadratischen Platten von 40 cm Seitenlänge gefliest werden.
Wie viele Platten werden benötigt?

LXX

Grundwissen am Ende des 4. Schuljahres.
Die Aufgaben sollten selbstständig gelöst werden (Lernstandskontrolle).

8 Auf einem Bahnhof fahren um 9.40 Uhr zwei Züge ab.
Sie fahren in entgegengesetzte Richtungen.
Der eine fährt pro Stunde 100 km, der andere fährt pro Stunde 80 km.
Wie weit sind die Züge nach $1\frac{1}{2}$ Stunden Fahrzeit voneinander entfernt?

....

9 Ein Flugzeug benötigt für die etwa 6 500 km lange Strecke
von München nach New York etwa 8 Stunden.
Wie viel km legt es durchschnittlich in einer Stunde zurück?

....

10 In einer großen Konzerthalle sind schon 26 Reihen mit Stühlen aufgestellt.
In Reihe 1 – 15 stehen je 24 Stühle, in Reihe 16 – 26 je 28 Stühle.
Es werden aber 1 100 Besucher erwartet.

a) Wie viele weitere Stühle müssen noch herbeigeschafft werden? ....

b) Wie viele Reihen mit 30 und wie viele Reihen mit 32 Stühlen ergibt das? ....

11 Aus einem alten Rechenbuch von 1600:

> 21 Personen – Männer und Frauen – haben in einem Gasthaus gespeist und getrunken. Jeder Mann musste dem Wirt 5 Pfennige, jede Frau 3 Pfennige bezahlen. Zusammen haben sie 81 Pfennige bezahlt. Wie viele Männer und Frauen sind es gewesen?

Überlege und probiere. ....

12 In einem Geldbeutel sind 3 Geldscheine
und 3 Münzen. Zusammen sind es 43 Euro. ?

....

....

13 Kennst du jemanden, der etwa

a) 1 000 Stunden,
b) 1 000 Tage,
c) 1 000 Wochen,
d) 1 000 Monate alt ist?

....

Grundfertigkeiten im Sachrechnen

14 Ein Pkw in der Sparversion verbraucht etwa 5 l auf 100 km. In der Standardversion verbraucht er etwa 6–7 l auf 100 km. In der Sportversion verbraucht er 8 l auf 100 km.

a) Überschlage: Wie viel km fährt das Auto jeweils mit einer Tankfüllung von 60 l?
Sparversion .... Standardversion .... Sportversion ....

b) Herr Marsch fährt rund 15 000 km in einem Jahr.
Wie viel l Benzin würde er jährlich mit der Sparversion gegenüber der Sportversion sparen?
....

15 Eine Fahrradtour von 530 km Länge kann in 6, 8 oder 10 Tagen zurückgelegt werden.

a) Überschlage: Wie lang sind die einzelnen Tagesetappen durchschnittlich?
6 Tage .... 8 Tage .... 10 Tage ....

b) Frau Elsen möchte nicht mehr als 60 km am Tag fahren.
Welche Tour sollte sie wählen? ....

16 a) Überschlage: Wie hoch sind jeweils die Monatsraten?
4 Monatsraten ....
6 Monatsraten ....
8 Monatsraten ....
12 Monatsraten ....

b) Herr Grünewald zahlt 300 Euro an. Er möchte nicht mehr als 50 Euro monatlich abbezahlen.
Wie kann er zahlen? ....

17 Welche Aufgabe passt zu welcher Gleichung? Rechne und vergleiche.

a) Die Heizkosten für ein Jahr betragen 480 Euro.
Wie viel Euro sind das in einem Monat? ....

b) Ein Geschirrspüler kostet 480 Euro. Bei Selbstabholung gibt der Händler einen Rabatt von 12 Euro. ....

c) Eine Urlaubsreise kostet im Katalog 480 Euro. Am Flughafen muss eine Gebühr von 12 Euro bezahlt werden. ....

d) Die Wohnungsmiete beträgt im Monat 480 Euro.
Wie viel kostet die Miete in einem Jahr? ....

480 − 12

480 + 12

480 · 12

480 : 12

18 Überschlage. Wie lange brauchen die Autofahrer für 230 km Autobahn?

a) Autofahrer 1 fährt durchschnittlich mit Richtgeschwindigkeit und schafft 110 km in der Stunde. ....

b) Autofahrer 2 fährt mit Höchstgeschwindigkeit und legt durchschnittlich 140 km in der Stunde zurück. ....

c) Autofahrer 3 gerät in einen Stau und fährt durchschnittlich 60 km in der Stunde. ....

LXXII

Grundwissen am Ende des 4. Schuljahres.
Die Aufgaben sollten selbstständig gelöst werden (Lernstandskontrolle).